女孩的第一本情商智慧书

陈艺熙/著

中国纺织出版社

内 容 提 要

随着时代的不断进步，人类文明也繁花似锦。对于现代女性来说，光有漂亮的外表和超人的智商还不够，还必须从小培养情商智慧。情商是一个女孩从小到大受人欢迎的综合素养，也是今后在社会交往中如鱼得水的基础。

本书以与情商有关的心理学知识为基础，从不同的角度为女孩们掀开情商的面纱，使女孩们深入了解情商与智商之间的关系，也深刻意识到情商在生活中的重要作用，从而帮助女孩赢得成功、幸福的人生。

图书在版编目（CIP）数据

女孩的第一本情商智慧书 / 陈艺熙著.--北京：中国纺织出版社，2017.11 （2024.4重印）

ISBN 978-7-5180-4112-1

Ⅰ.①女… Ⅱ.①陈… Ⅲ.①女性—情商—通俗读物 Ⅳ.①B842.6-49

中国版本图书馆CIP数据核字（2017）第234188号

策划编辑：闫 星　　特约编辑：李 杨　　责任印制：储志伟

中国纺织出版社出版发行

地址：北京市朝阳区百子湾东里A407号楼　邮政编码：100124

销售电话：010—67004422　传真：010—87155801

http：//www.c-textilep.com

E-mail：faxing@c-textilep.com

中国纺织出版社天猫旗舰店

官方微博http://weibo.com/2119887771

北京兰星球彩色印刷有限公司印刷　各地新华书店经销

2017年11月第1版　2024年4月第3次印刷

开本：710×1000　1/16　印张：14

字数：199千字　定价：68.00 元

前 言 preface

对于每个人而言，情商都是一种至关重要的能力，尤其是在现代社会，情商被提升到越来越高的高度，很多心理学家认为，情商甚至比智商更重要。因为情商表现出人们的综合素养，体现出人们的深层素质，因而能够帮助人们正确地认知自我、管理自我、激励自我，也能够帮助人们处理好人际关系，获得良好的人脉，还可以在人们遭遇坎坷逆境的时候，激励人们不断进取，奋发向上。总而言之，一个人如果智商低，还可以从事管理工作；但是一个人如果情商低，那么只怕不管什么工作都难免要与人打交道，因而也都无法做得风生水起。

现代社会，女性的社会地位越来越高，女孩不但与男孩一样接受教育，也走入社会，走上工作岗位，因此不仅承担着照顾家庭的责任，也与男性一样在社会生活中撑起半边天。在这种情况下，女性承受的压力自然也越来越大，面临的难题也变得更多，因而女性必须付出百倍的辛苦和努力，才能获得幸福圆满的人生，也才能如愿以偿地获得成功的事业。

高情商的女孩也许不是最漂亮的，不是最聪明的，但是在人群之中，她们却是最受欢迎的。因为她们深谙人际相处之道，也懂得成功、幸福的人生不仅取决于能力，更取决于恰到好处的自我调节与管理，以及有分寸地与他人相处，营造良好的人际氛围，建立和经营丰富的人脉关系。高情商的女孩不但悦纳自己，对他人也很宽容，更知道如何在尴尬冷场的时候，给别人打圆场，给自己找台阶下。总而言之，她们总是游刃有余，如鱼得水。

和大多数人一样，高情商的女孩在人生之中也会遇到很多坎坷挫折。但是，她们对待坎坷挫折的态度值得我们每个人学习。她们既不抱怨，也不退缩，而是勇敢地面对人生中的不如意，因为她们知道不如意才是真实的人生，才是人生的常态，所以她们坦然接受命运的安排，从容接受命运赐予的一切，然后就是努力奋斗，进取，绝不放弃。和普通的女孩不同，高情商的女孩绝不会愁眉苦脸，她们知道忧愁无济于事，因而总是笑靥如花，时刻保持微笑。即便是命运之神看到了她们灿烂的微笑，也会情不自禁地眷顾她们，给予她们更多的好运。

高情商的女孩还很善于控制自己的情绪，归根结底，唯有成为自己情绪的主人，我们才能真正主宰自己的人生。正因为如此，她们才能灵活自如地掌控自己的人生，在竞争激烈的职场中进退自如，在日渐局促的生活中获得广阔的自由空间。

女孩们，你们还在等什么呢？赶快行动起来，提高自身的情商吧。幸好情商是可以通过后天努力提高的，这样就给了女孩们更多的发展空间和进步空间，也给了女孩们的人生更多的浪漫、美丽和美好。

总而言之，只要你愿意，你就会成为一个高情商的女孩！

编著者

2017年3月

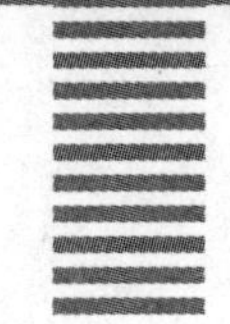

目 录 Contents

第01章

初识情商
——情商对女孩为何至关重要

情商高的女孩，即使内心柔弱，也能四四两拨千斤之力，凭借自己的智慧让自己变得内心坚强，意志如钢。在社会关系越来越复杂的时代，她们总是能够凭借情商在纷繁复杂的时事中脱颖而出，即使遇到坎坷挫折，也能鼓动起勇气保持坚强，或者在情势危急的时候全身而退。从这个意义上来说，情商高的女孩才能拥有幸福的生活，也才能拥有圆满的人生。

走进情商，了解情商的真面目

近些年来，情商被越来越频繁地提及，不但心理学家大力研究情商，各大企业的人力资源管理者也更加关注情商，甚至连作为普通职场人士的我们也对情商产生了强烈的好奇心。那么，究竟何为情商呢？其实，“情商”的概念最早是由美国心理学家提出的，全称为“情绪智力”。顾名思义，从本质上来看，情商也是一种智力，而且会对人生起到至关重要的影响。

在情商概念首次被提出之后，没过几年，情商研究就得到了迅猛发展。如今，心理学家们对于情商的定义更加准确到位，所谓情商，指的是人们在情感、情绪、意志力等方面的综合素质和品质。相对于传统意义上的智力概念而言，情商是一种创新和发展，也是一种革命性的构建。它比智商的范围更加广泛，涵盖各个方面，充分体现了人们对于生命内在力量的不断探索和把握。

一直以来，大多数人都坚定不移地相信唯有拥有高智商才能获得成功。殊不知，现代社会中人际关系被提升到越来越高的地位，也正因如此，情商的地位水涨船高。毕竟，唯有拥有高情商，我们才能在人际关系中占据主动地位，也才能建立良好的人际关系，从而为自己的生活和事业发展奠定良好的基础。由此可见，情商的作用不容小觑。

当然，情商是不可独立存在的，它与智商相辅相成，相互依存，从某种意义上来说，情商与智商之间是相对对立的关系。因为，它们互为补充。自从情

商之说出现之后，就取代了智商决定人生成败的地位，心理学家们也因此更多地把注意力放到研究情商上。曾经，清华大学的校长向毕业生致辞，告诉毕业生们在未来的生活中应该更加重视情商。不得不说，情商的地位达到了前所未有的高度。因此可以说，一个智商很高的人未必能够获得成功，但是一个情商很低的人则注定与成功绝缘。

玛丽已经结婚三年了，在这三年的时间里，她始终和丈夫一起在娘家过春节。原来，玛丽的丈夫家在偏远的农村，那里不但自然条件恶劣，而且没有暖气，因而自从结婚前去过一次婆家过年之后，玛丽再也不愿意在寒冬腊月去婆家受罪。当然，她心里虽然是这么想的，嘴上却不是这么说的。她总是在春节即将放假的时候就给丈夫打预防针，对丈夫说："亲爱的，春节高速路上太堵车了，而且很容易发生意外事故。咱们等到春暖花开的时候再回家看望爸爸妈妈吧，好吗？"不等丈夫作出回应，她又会接着说："对了，我前几天给爸爸妈妈买了一些保健品寄回去，还给他们每人买了一身保暖的羽绒衣裤。你赶紧打电话问问，看看他们收到没有。"等到玛丽这番话说完，丈夫只能笑着说："老婆，你太好了，谢谢你记得给爸爸妈妈买衣服。那咱们等到过完年三月间再回家吧，爸爸妈妈肯定已经想我们了。"就这样，玛丽总是提前给公婆购买昂贵的新年礼物，而且在春暖花开的时候陪伴丈夫一起回家看望父母。如此一来，丈夫自然也无法指责玛丽有何不足之处，反而因为玛丽的细心周到，对玛丽心存感激。由此，他们夫妻之间的关系也非常融洽和谐。

相信在大城市里，很多夫妻的家乡都相距遥远。记得曾经有网络调查显示，很多夫妻在年关将至的时候，总是提前一个月或者半个月，就开始与对方展开激烈的辩论，目的就是决定到底去谁家过年。不管是妻子还是丈夫，假如他们的情商和玛丽一样高，适当对对方作出让步，并且提前做好自己该做的事情，相信春节就不会成为夫妻争吵的导火索，而会变成加深夫妻感情的最佳契机。

女性朋友们，走入婚姻往往意味着两个人合二为一，也意味着两个家庭的交融。因而，在成为他人的妻子之后，千万不要过于任性哦！记住，任何时候只有你多多为对方着想，才能得到对方的让步和回馈。在处理这些家庭琐事的过程中，高情商的女孩往往能够把原本的争执变成幸福甜蜜的爱的表达，也会让夫妻感情急速升温，使家庭生活快乐幸福。

和智商相比，情商更重要吗

一直以来，很多人都觉得智商能够决定人生的成就，也左右了人生的成败。的确，智力水平的高低会影响到我们生活的诸多方面，的确会对我们的人生起到至关重要的影响。然而，随着情商的提出，人们渐渐发现，和简单纯粹的智商相比，情商显然是一种更加综合、影响更大的智力能力之一。很多人都知道哈佛大学，即便在世界范围内，它也是屈指可数的顶级学府。因而，无数有才华有学识的人都想进入哈佛大学深造，从而让自己的人生更上一层楼。需要注意的是，哈佛大学并非唯智商论，相反，哈佛大学之所以能够在漫长的历史中培养出社会各个领域的精英人才，就是因为它更看重学生的综合素质和水平，而不是只能表现智商的分数。哈佛大学里有位举世闻名的心理学教授曾经提出，在成功的因素中，情商起到至少80%的作用，而智商只能起到20%的作用。当然，这个数字的提出也许未免有些草率和不够精确，但是至少告诉我们哈佛对于情商的看重程度，以及情商的确对于人生的成败起到决定性作用。

很多人都非常熟悉和了解智商，甚至有很多父母会在孩子长大成人之后，迫不及待地给孩子测定智商，然而，大多数人都不了解情商。情商真的

比智商更重要吗？要想回答这个问题，首先我们应该深入了解智商和情商的概念，并且对它们进行准确区分，这样才能得知它们对于人的不同影响力，最终寻找到正确的答案。一般情况下，智商与逻辑能力、分析能力、推理能力、语言能力等能够表现出智力水平高下的能力密切相关。尤其是在处理难题的时候，智商会起到非常重要的作用。假如说智商都是硬功夫，那么情商则与人们的软能力密切相关，诸如控制和调节情绪的能力、适应社会的能力、处理人际关系的能力、承受挫折和压力的能力等。从情商和智商的比较之中我们不难得出一个结论，智商是理性的，情商更多地与人的情绪情感密切相关。

在美国社会，吸毒、犯罪、暴力事件十分常见，很多青少年都因此沉沦。因而，哈佛大学的心理学教授丹尼尔·戈尔曼首次提出了情商的概念，旨在从情商入手寻找救治社会的良方。也正是因为他的呼吁和号召，才使得更多的专家学者以及普通人越来越关注情商。为此，戈尔曼教授说，对人类而言，情商是至关重要的生存能力。因而，从这个角度来说，我们根本无法说是智商比情商更重要，还是情商比智商更重要。因为它们阐述的是完全不同的领域，是互补的关系，而没有绝对的可比性。不过，从人类生活对于智商和情商的依赖程度来看，显然情商更加深入渗透人们的生活，并最终影响人们的成败。举个简单的例子来说，一个人假如智商很低，也许会在学术方面难有进步；但是，这并不妨碍他成为一个受欢迎的人。他也许不适合从事技术工作，却有可能因为高情商而把管理工作做得风生水起。

生活中，人们在很多方面都依赖于情商。诸如，孩子要想得到父母的喜爱和欣赏，要学会讨父母的喜欢；男人要想成功追求到自己喜欢的女孩，一味地展开金钱攻势也许并不会有效果，反而是那些擅长以小小的惊喜感动女孩的男人，更能如愿以偿；在职场上，只有过硬的专业知识未必能够得到长足发展，唯有以高情商与同事和上下级处理好关系，才能如鱼得水，游刃有余。总而言之，情商高的人具有非凡的能力，总是能够化腐朽为神奇，给生命带来奇迹。再如，在遭遇挫折和磨难的时候，意志力不够坚强的人，会很容易放弃；唯有内心坚定不移、始终满怀信心和希望的人，才能最终战胜困境，突破自我，实现人生的辉煌。纵观古今中外，每一个成功人士，无一不是历经坎坷挫折，最终才获得成就的。

有个女孩从小就是父母的掌上明珠，过着衣食无忧的生活。她的学习成绩非常好，一路绿灯，考入名牌大学。然而，就在四年大学生涯即将结束的前夕，她眼看着宿舍里的另一个女生找到了好工作，居然因为嫉妒发狂，最终选择投毒结束同学的生命。

一个如花似玉的生命香消玉殒了，这个女孩的命运也彻底改变。原本，她可以走上社会，从事自己喜欢的工作，恋爱结婚生子，孝敬父母。如今，她却沦为阶下囚，整日在监狱中以泪洗面。

在这个事例中，女孩原本非常优秀，遗憾的是，虽然她的高智商使她拥有好成绩，但是她的低情商却使她无法合理调节自己的内心，最终选择了无法回头的绝路。她不但伤害了他人，也伤害了自己，更是让父母心痛欲绝。由此可见，智商无法左右情商，但是情商却往往会因为情绪情感的波动，导致人的智力水平下降。正所谓冲动是魔鬼，说的也是这个道理。

现代社会，人心越来越浮躁，很多人因为心理承受能力差，总是做出冲动的行为，例如越来越频繁发生的大学生自杀事件。与其等到悲剧真正发生之后才发现情商比智商更重要，不如提前认识到情商的重要性。毕竟，智商低只会导致我们在某个专业领域表现平平，情商低却往往使我们不堪生活的重负，做出冲动之举。从这个角度来看，情商高的人更容易获得幸福，因为他们懂得如何平复自己的内心，恢复情绪的平静，也知道如何才能超越坎坷和挫折，获得人生的成功。高情商的女孩，才能一生与幸福相伴，也才能成就最完美的自己。

情商高的女孩，才能得到命运垂青

现代社会，一个人可以没有智商，但是绝对不能缺少情商。尤其是对于冰雪聪明的女孩而言，情商简直就是她们的绝对加分项，可以帮助她们的人生顺遂如意，也能帮助她们如愿以偿地获得幸福。

民间有句俗话，叫作“爱笑的女孩运气总不会太差”。这句话告诉我们，当一个女孩以笑脸面对人生时，人生也会回馈给她笑脸，回报她的积极乐观和坚强。相反，假如一个女孩总是愁眉苦脸地面对人生的一切，那么人生终将也会给她悲观消极和失望，使她的人生陷入更深的低谷和绝望之中。记得曾经有位名人说，既然哭着也是一天，笑着也是一天，我们为何不能笑着度过人生的每一天呢！的确如此，面对不如人意的生活，与其喋喋不休地抱怨，不如珍惜宝贵的时间，把握自己的人生和命运，成为真正的主宰者。

常常有很多女孩羡慕别人的生活，也因此不停地埋怨：为什么我的运气这么差呢？为什么他总是能够得到命运的垂青呢？其实，命运是公平的，当我们释放出积极的能量时，自然也能够吸收正向的能量。相反，当我们成为绝望的深渊时，我们的生活便也会掉入深渊之中，无法自拔。由此可见，高情商的女孩并非总是能够得到命运的青睐，她们的好运，得益于她们始终对生活满怀激情和希望的心态。唯有这样的心态，才能把一切的幸福快乐都吸引到我们身边，与我们常相伴。

小敏大学毕业后，因为没有找到中意的工作，最终不得不来到这家商场当一名推销员。尽管很多人都觉得小敏大材小用，小敏却丝毫没有瞧不起自己的工作。相反，她每天都早早去商场，在自己负责的专柜打扫卫生，在工作上尽心尽责。

一个偶然的机会，小敏发现有很多顾客都是专柜产品的忠实用户，但是因为实体店比较少，他们不得不跑很远的路来到商场专柜购买产品。为此，小敏突发奇想：假如我在淘宝上开一个店铺，那么这些熟悉产品并且对产品很忠诚的顾客，不就无须奔波了吗？他们只需要动动鼠标，就能买到心仪的产品，也节省了大量的时间和精力，一定会获得更好的购物体验。就这样，小敏把自己的想法向经理汇报，虽然经理有些迟疑，但还是决定让小敏试一试。出乎所有人的预料，小敏的网店在开业的第一天里，就成交了三单，这让所有人都大吃一惊。后来，随着小敏网店的销售额越来越大，经理决定开辟网络部，并且由网络销售的元老级人物小敏全权负责。就这样，小敏在进入公司半年之后，就成为网络部主管。后来，网络部在她的带领下销量不断攀升，居然做出了和实体店平分秋色的好成绩。

是金子在哪里都会发光，小敏虽然大材小用，以大学毕业的学历来到这家商场当销售员，但是她并非池中之物，很快就发挥自己的创造性，开设了网店，并且发展顺利，最终成功升任网络销售部的主管。在他人眼中，也许这只是因为小敏运气好，但是实际上，小敏是一个情商很高的女孩。她始终心怀希望，既不妄自菲薄，也不妄自尊大。即便是在不那么让自己满意的工作岗位上，她也能脚踏实地地工作，以实力为自己代言。

女性朋友们，人生不如意十之八九，相信你们在日常生活中一定也会遇到不满意的事情。与其抱怨，不如调整好自己的心态，坦然从容地面对自己的人生。相信，只要我们努力付出，坚持不懈，命运一定会交还给我们满意的答卷。从现在开始，就让自己成为一个好运气的女人吧！

高情商，助力女孩一生幸福

自从美国心理学家提出了情商的概念，情商就成功吸引了各路专家学者的眼球，也博得了普通民众的关注。随着情商变得炙手可热，研究情商，并且为了情商展开争议的人，也越来越多。那么，情商到底如何影响人们的生活，又如何左右人生的成功呢?

和心怀壮志的男性相比，大多数女性朋友的人生目标都没有那么具体，而是简单的四个字——“获得幸福”。这四个字虽然说起来只是上下嘴唇一碰，只要花费一两秒钟，但是做起来却很难。归根结底，幸福是一种虚幻的概念，我们无法定义自己拥有多少钱就是幸福，也不敢说自己买了好房好车之后一定能够拥有幸福，甚至即便拥有爱情，也未必就进入了幸福的保险箱。所以说，获得幸福听起来是再简单不过的诉求，但是真正想要实现，还是很难的。尤其是在人际关系纷繁复杂的现代社会，不管是处理亲情、爱情、友情，还是在职场上与同事相处，都需要女人拥有高情商，才能如鱼得水，游刃有余。

大学毕业后，晓雪和阿民结识了，很快她认定阿民就是自己心目中的好男人，因而决定接受阿民的求婚，和阿民携手走入婚姻的殿堂。

在求婚的时候，没有钱的阿民只有一个银戒指，还有一束从路边小贩那里买来的花。尽管他内心忐忑，不知道从小娇生惯养、被父母视为掌上明珠的晓雪能否接受他的请求，但是晓雪的表现却大大出乎他的预料。面对着阿民一穷二白的表白，晓雪说："没关系，没有钱咱们可以一起慢慢挣。相信只要我们努力，一定能够改变命运，改善生活。而且，我看中的是你这个人，而不是你的钱。如果你现在是个大手大脚的富二代，也许我还会对你不屑一顾呢！"晓雪的话给阿民吃了一颗定心丸，从此之后他非常努力勤奋，果不其然，他依靠自己的努力，在几年之后买房买车，与晓雪的爱情结晶也诞生了。从此之后，他们一家三口过着幸福的生活。

而晓雪的大学闺蜜阿雅之前找了一个富二代男友，虽然热恋的时候收到了无数奢侈的礼物，就像浸泡在蜜罐中一样幸福，但是最终却因为男友劈腿，痛苦地结束了感情。这就是低情商女人眼里只有钱的悲惨下场。不得不说，高情商是女人获得幸福的保证和必要条件。

现代社会，人心越来越浮躁，多么幸运的男孩才能遇到一个愿意与自己同甘共苦的女孩啊！因而，聪明的男孩不管未来发展如何，都会非常珍惜与自己同甘共苦的女孩，执子之手，与子偕老。高情商的女孩除了能够在爱情方面获得丰收之外，在职场上，也会因为处理好人际关系得到更多的发展机会，得到上司的赏识和下属的拥戴。总而言之，在这个情商当道的社会，女孩要想获得幸福圆满的人生，必须努力提高自己的情商。

很大程度上，情商比智商更能够决定人的成败。看到这里，也许有些情商不高的女性朋友会觉得沮丧，难道自己注定因为低情商而一事无成，也与幸福绝缘吗？事实并非如此。其实，情商并非完全是天生的，更大程度上取决于后天的努力和勤奋。现在，很多国家都把情商教育列为必修课，女性朋友们完全可以通过日常生活和工作的历练，提升自己的情商，帮助自己获得更美好的未来。

具备高情商，也要符合“指标”

虽然情商是与情绪和情感有关系的智力因素，但是高情商也是有“指标”的。很多时候，那些自诩高情商的女性朋友未必真的高情商，而那些谦虚低调的女性朋友反而恰恰是高情商的拥有者，因而总是能够不动声色地获得成功的人生，也与幸福结下不解之缘。前文已经说过，情商潜移默化地影响和左右着我们的人生，也往往能够改变我们的命运。由此可见，情商的确是非常重要的。然而，每个人并非都是天生的高情商，尤其是很多女性朋友，因为自身性格的局限，往往会由于情商低受到生活的伤害。在这种情况下，要想通过后天努力提高情商，我们就应该把握高情商的各项“指标”，从而更加有的放矢地针对自身的情况，竭力提高自身的情商。

首先，高情商的女孩首先具有敏锐的观察力，总是能够敏感地感觉到很多事情的发展变化，也能够顺应形势，积极作出调整。其次，高情商的女孩很善于自我反省。正如古人所说的，吾日三省吾身。所谓金无足赤，人无完人，一个人即使再怎么完美，也不可能毫无瑕疵。对于女性朋友而言，也是如此。因而高情商的女孩总是能够保持自我反省的好习惯，从而认清自己的优点和缺点，最大限度地发挥自身的主观能动性，改变命运，主宰人生。再次，高情商的女孩都是积极乐观的。众所周知，人生不如意十之八九，每个人在一生之中都难免会遭遇坎坷挫折，人生也会陷入低谷。在这种情况下，高情商的女孩就像水一样，虽然柔软无形，却能够调节好自己的心态，始终积极乐观地面对生活。第四，高情商的女孩一定是情绪的主宰者，因而才能做到心平气和。人是感情的动物，情绪也常常因为冲动而陷入失控的状态之中。正如一位名人所说的，愤怒使人的智商瞬间为零。因而女性朋友要想保持清醒理智和高智商，必须学会主宰和控制自身的情绪。倘若一个人连自己都无法征服，又谈何实现伟大的理想呢！第五，高情商的女孩还非常积极主动。众所周知，理想是丰满的，现实是骨感的。任何时候，明智的女孩都会采取主动的姿态面对生活，因为唯有如此，她们才能主宰命运，掌握人生。否则，再美好的理想如果始终处于空想阶段，最终也会成为水中花、镜中月。也因为能够及时果断地采取行动，高情商的女孩很少摇摆不定，而总是果断出击，尽情享受人生，也能够最大限度地成就人生。总而言之，高情商的女孩不会因为生活中一时的坎坷挫折而放弃，她们是人生中真正的强者，有着强大的内心和力量，所以才会成就人生的精彩与辉煌。

小米是一个富于智慧的妈妈，正因为如此，她培养出来的儿子才那么优秀，出类拔萃。在儿子获得美国哈佛大学的奖学金后，小米和朋友们分享育儿经验。她说："其实，我也没有什么诀窍，但是我始终坚持一点，就是努力控制好歇斯底里的情绪，真正把儿子当成我的朋友对待。"

小米的话使朋友们茅塞顿开，尤其是那些辣妈性格的朋友，更是连连点头。原来，她们在养育孩子的过程中总是因为孩子不听话、不能使自己满意而崩溃，甚至疯狂。作为妈妈，她们在孩子面前失态，也影响了孩子对她们的正确判断，更给孩子的发展带来了负面影响。真正把孩子当成自己的朋友对待，就不会对孩子歇斯底里，更不会口不择言。小米妈妈分享的经验听起来简单，实际上蕴含着深刻的哲理，也告诉每一位朋友，要想成为好妈妈，首先要成为能够控制和主宰自身情绪的女人。

在这个事例中，小米妈妈的分享给予很多"河东狮吼型"的妈妈深刻的启

示。的确，作为孩子的榜样和第一任老师，每一位妈妈的言行举止都会给孩子带来深远的影响，甚至改变孩子的一生。因而曾经有人说，社会的发展要靠妈妈们努力推动。尽管这种说法有些极端，却很有道理。一个高情商的妈妈，不但能够经营好家庭生活，更能够给予孩子积极正面的力量。

女性朋友们，不仅是在孩子的教育问题上，其实我们生活和工作中的方方面面都与情商有着密切关系。即便是日常最简单的事情——去菜市场买菜，我们也需要拥有高情商，才能把菜贩子说得心花怒放，宁愿少赚一些钱也要把菜卖给我们。这岂不是很有趣的事情吗？我们在一天之中的每分每秒，几乎都在与情绪相伴。即使是在深度睡眠中，也有很多人因为梦境导致情绪波动。由此可见，唯有掌控自身的情绪，我们才能真正成为高情商的女孩，让自己的生活更加从容。除此之外，高情商的其他指标也对我们的生活起到至关重要的影响，同样不可小觑。

第02章

聪明女孩透析情商——情商助力女孩感知幸福

越来越多的心理学家认识到，一个人能否在社会生活中取得成功，更大程度上取决于情商，而非智商。前文说过，情商主要与人们的情绪、情感密切联系，包括人们的情绪调节能力、自我掌控能力、处理人际关系的能力以及应变能力等。尤其是对女性朋友而言，情商对她们的生活起着更加重要的作用，甚至关系到女性朋友最终能否如愿以偿地获得幸福。因此，我们每个人都应该深入了解情商，所谓知己知彼百战不殆，这样才能最大限度发挥情商的积极作用，为我们的人生添砖加瓦，增光添彩。

掀开情商“面纱”，了解情商“本质”

在情商的概念最早由美国哈佛大学的心理学教授提出来时，很多人并不了解情商。实际上，情商被提出是有社会背景和历史原因的——在当时，整个美国社会都非常浮躁，犯罪、暴力、吸毒等恶性事件时有发生。直到1995年，在《纽约时报》担任科学记者的丹尼尔·戈尔曼出版《情商：情商为什么比智商更重要》，才在世界范围内引发了研究情商的热潮。为此，后世的很多人都称呼丹尼尔·戈尔曼为“情商之父”。

随着研究的不断深入，人们曾经以为智商决定成败的观点渐渐改变，也由此，人们开始意识到情商对于社会生活的重要影响，以及在个人成败中起到的关键作用。现代社会，有很多“三高”的“白骨精”，如何却并不觉得自己幸福。她们有着高学历、高颜值、高收入，但是始终与幸福无缘。这并非因为她们自身的条件不够好，而是因为她们缺乏高情商。相比之下，有些女性朋友虽然相貌平平，学历不高，长得不够漂亮，工资收入也很低，却找到了自己的幸福所在，过着其乐融融的生活。归根结底，是因为这些女性尽管智商平平，但是情商很高，因而能够在生活中如鱼得水，游刃有余，如愿以偿地获得自己想要的幸福。

有心理学家曾经对幸福女人的生活展开深入研究，最终发现女人能够获得幸福，与智商高低之间并没有必然的联系，但是她们的情商水平无一例外都很

高，也因此她们都生活得很幸福。由此可见，女性朋友要想获得幸福，首先应该深入了解情商，其次才能发挥情商的重要作用，使其对自身的生活起到积极的影响和作用。

一直以来，珍珍都是个自卑的女孩。她的爸爸妈妈在她很小的时候就离婚了，她是跟着爷爷奶奶长大的。她学习很刻苦，知道自己失去了爸爸妈妈的疼爱和呵护，根本无依无靠，也因为爷爷奶奶年纪大了，所以她总是不遗余力地学习，想要改变自己的命运。

磕磕绊绊十几年，珍珍终于完成学业，大学毕业了。然而，在面试的过程中她却处处碰壁。原来，很多应聘者都觉得珍珍各方面条件都不错，但是太过内向自卑，必然影响她未来的工作。就这样，优秀的珍珍与很多好的工作失之交臂。在得知自己被淘汰的原因后，她痛定思痛，决定改变现状。在长达一个月的时间里，她每天早晨起床之后都一改愁眉苦脸的模样，对着镜子里的自己微笑，激励自己："我很棒，我很棒，我真的很棒！只要坚持努力，我一定能够改变命运！"渐渐地，她的脸上浮现出发自内心的微笑，整个人的状态也变得不同了。果不其然，再次面试时，珍珍自信谦和的表现，赢得了面试官的赞许和认可。就这样，珍珍获得了人生中的第一份工作。从此之后，她更加积极主动地改变自己，暗示自己，最终事业上有所成就，人生也赢得了幸福。

在这个事例中，被抛弃的阴影和生活的艰难，使得珍珍一直以来根本无法发自内心地微笑。幸好她意识到自己的问题，因而努力调整心态，改变自己。其实，不管是对女性朋友，还是对男性朋友来说，在生活压力越来越大、职场竞争日益激烈的今天，自我激励都是非常重要的。只要我们坚持积极的自我激励，不但能够改变我们的心态，还能间接改变我们的命运，使我们距离成功圆满的人生越来越近。

女性朋友们，如果你还在抱怨，还在消极地面对生活，不如从现在开始走近情商，揭开情商的面纱吧。相信只要你坚持不懈地努力，就一定能够获得发自内心的改变，也会获得幸福的人生！

掌握“高情商”的秘密武器，幸福无忧

女孩要想获得幸福，也许需要具备很多的条件，然而高情商是其中唯一不可或缺的条件。其实，悦纳自己也包容他人的女孩，才是最幸福的。然而生活中偏偏有很多女孩都喜欢较劲，她们不但和自己较劲，也和生活较劲，还时常和身边的人们较劲，最终把生活变成了一场对抗，再也没有了悦纳的幸福。

高情商的女孩懂得悦纳自己。所谓金无足赤，人无完人，这个世界上没有任何人是绝对完美的，所以高情商的女孩能够接纳自己的缺点和不足，从而扬长避短、取长补短，最大限度地获得幸福。与之相对地，假如一个人活着总是对自己不满意，又怎么可能尽情地享受生活呢？归根结底，我们要做的是拥抱生活，而不是抗拒生活。

高情商的女孩除了懂得如何与自己相处，也知道如何与爱人相处。一直以来，人们都说爱情是命运之神给予人类最美好的馈赠，因而拥有甜蜜的爱情也就成为很多女人毕生不懈的追求。两个原本陌生且完全不同的人突然间亲密接触，尽管彼此相互理解和包容，还是难免因为各种各样琐碎的小事而发生争执，这样的爱情常常使人无所适从。高情商女人轻而易举就能解决这个问题，她们很清楚对方不是自己肚子里的蛔虫，因而绝不要求对方完全理解和体谅自己，也知道如何更好地包容对方，顺利实现与对方的磨合。此外，她们在爱对方之前，首先懂得爱自己。因为一个女人只有爱自己，才能善待自己，也才能

赢得爱情。还有很多女性朋友在爱情之中总是心有千千结，这恰恰是失去幸福的罪恶根源。要知道，人非圣贤，孰能无过。在漫长的爱情生活中，对方难免会犯错，我们自身也是如此。与其揪住对方的小辫子绝不放手，不如把眼光看得更长远一些，这样才能让爱情变得更加幸福美好。所以有人说，健忘的女人最幸福，因为她们从不翻出陈年旧账伤害辛苦经营的感情。

在婚姻生活中，对于极其难处的婆媳关系，高情商的女孩处理起来也游刃有余。相反，低情商的女孩则会处于与婆婆的拉锯战中，把婆婆当成自己的假想敌，最终导致家中战火连天，原本恩爱的老公也因为受到夹板气，再也不温柔体贴。高情商的女孩知道，婚姻需要用心经营，才能超越困境，进入化境。

即便是在职场上，高情商的女孩也能经营好人际关系，使自己与同事、上司之间和谐融洽，因而借助团队的力量获得更大的成功。尤其是现代职场，再也不是个人英雄主义的时代，每个人都必须融入集体之中，才能发挥自身的主观能动性，作出一定的贡献。所谓一个好汉三个帮，一个篱笆三个桩。任何时候，高情商女孩都会受益于良好的人际关系，也会在事业上风生水起。超强的社会交往能力，还会使她们得到更多人的赏识，也因此具有更多的发展机遇。综上所述，我们不难发现，高情商是女孩获得幸福的秘密武器，无论在哪个领域，它都是必不可少的。

一直以来，菁菁都以良好的记忆力为荣。然而，结婚之后，这超强的记忆力偏偏成为她婚姻问题的导火索，使她不堪其扰。原来，每次因为鸡毛蒜皮的事情与丈夫林刚吵架时，菁菁总是吵着吵着，就说起之前很多不相干的纷争。由此一来，自然导致事态升级，彼此间也不再是就事论事，而是哪句话解恨就说哪一句，那些尖酸刻薄的语言就像刀尖一样，狠狠地刺进对方的心里。如此反复不断地伤害，最终导致菁菁与林刚的感情越来越淡漠。

有一次，菁菁无意间得知林刚邀请办公室里的一个女同事单独外出就餐，因而马上说："你呀，就是狗改不了吃屎。你可别解释，苍蝇不叮无缝的蛋，你这个臭鸡蛋已经被苍蝇叮过多少次了。我怀着孩子那年，你半夜三更和一个东北娘们吃火锅去，电话也不接，差点儿让儿子流产。现在你也有儿子了，还是那副臭德行。儿子几个月的时候，你手机接到女同事的示爱短信，倘若你是个正人君子，人家就算喜欢你，也不敢贸然发短信吧！就你这样的，还配得到我的信任吗？还配有家有孩子吗？"原本，林刚只是因为感谢女同事，才邀请女同事吃饭，但是在菁菁这一番不分青红皂白的数落和嘲讽之后，他冷冷地说："既然你就是这么看我的，我当然不能让你失望。"没过多久，林刚果然出轨了。菁菁承受不起打击，整日以泪洗面。

菁菁遭遇林刚的背叛当然值得同情，但是分析事情的前因后果之后，明智的人不由得感慨唏嘘。可以说，正是因为菁菁总是翻起陈年旧账，而且总是提醒林刚他不被信任，所以林刚才破罐子破摔，最终真的变成了菁菁口中的模样。夫妻之间从开始组建家庭，到携手度过一生走到人生暮年，彼此共同度过的岁月是很漫长的。在如此长久的时间里，即便是神仙也无法保证自己绝不犯任何错误。所以，夫妻要想白头到老，并非需要彼此间的感情多么灼热，而是需要彼此包容和理解，也要学会忘记曾经的不愉快。既然当初选择了原谅，没有在伤害发生的时候分开，那么就要一直坚持不懈地走下去，前提就是宽容。

越是亲密无间的关系，越是需要谨慎妥善地处理，所谓爱之深则恨之切，当伤害来自于自己所爱的人，也就会变得更加深刻和痛苦。由此可见，高情商的女孩之所以能够获得幸福的婚姻，就是因为她们是"健忘"的女人。当然，女孩高情商绝不会仅在爱情中受益，更能够在生活和工作中得到回馈。聪明的女孩们，既然憧憬幸福，就从现在开始努力提高情商吧，相信你们一定会有意外的收获！

避开雷区，拒绝做低情商女孩

因为每个人的情商高低有别，所以每个人在人生之中的表现也是截然不同的。很多女人因为情商不够高，在生活中往往会有“雷人”的表现。其实，只要顺利避开低情商的雷区，就可以远离低情商的表现，也能够帮助我们卓有成效地提高情商，不再做低情商女孩。

陷入低情商的雷区，不但会使女孩们远离幸福，也会导致她们在待人处事以及工作过程中与人相处时，因为得不到认可而失去自信，甚至对生活感到失望和乏味。不得不说，低情商的负面作用还是很强的。为了避免低情商雷区，我们首先应该了解高情商的表现，再根据低情商的诸多典型行为，帮助自己顺利规避。

低情商的女孩往往过分敏感，不但对于自己不够满意，对身边的人也总是指手画脚。她们不管做什么事情，一旦遇到困难就想要放弃，要知道，罗马不是一天建成的，没有任何人能够一蹴而就获得成功，低情商女孩唯有调整心态，驱散心中的阴霾，才能积极乐观地面对生活。现实生活中，还有很多低情商的女孩总是语出伤人。她们吝啬自己的赞美，与人相处和交往时从不愿意主动赞美他人，而总是哪壶不开提哪壶，导致听者对其非常不满。长此以往，低情商女孩哪里还有好人缘可言呢！

在宿舍里，素芳的人缘很差，这并非因为她性格暴躁，而是因为她每次说话都招人讨厌。诸如前段时间，小芬买了一件外套。宿舍里的姐妹们看了之后都说好看，素芳却口无遮拦地说："我怎么觉得你这件外套适合大妈穿呢？"素芳话音刚落，小芬脸色陡变，气愤地说："你别咸吃萝卜淡操心了，我就喜欢这样稳重老成的衣服。"

还有一次，杨慧期中考试没考好，宿舍里的姐妹们都在费尽心思地安慰她，鼓励她。不想，素芳却没头没脑地说："以你的能力，考成这样也不错了，至少都及格了，不用参加补考。"结果，杨慧气得十几天都不搭理素芳。日久天长，大家越来越讨厌素芳，素芳自己却还不知道是怎么回事呢！

其实，素芳之所以没有好人缘，主要是因为她说话太过直接。在看到小芬买到的外套之后，她完全可以换一种方式，说："小芬，这件衣服端庄大气，很符合你的气质。"在杨慧考试失利之后，她也可以说："没关系，虽然这次没考好，但是为下次留了巨大的进步空间，也许反而是好事呢！"这样一来，小芬和杨慧就不会因此不愿意搭理素芳，素芳的人缘也不会那么差了。

高情商，并非特定表现在生活的某一领域，而是渗透在生活的点点滴滴之中。高情商的女孩总是能够处理好生活中的很多事情，因而也更容易得到幸福。其实，只要避开低情商的雷区，减少生活中无意间的雷人之举，渐渐地，我们就能提高情商，成为高情商的幸福女人。

提升情商，幸福才能接踵而至

看完前文对于情商的简要描述，相信有很多女性朋友此刻都感到忐忑：情商很低怎么办呢？难道注定要与幸福绝缘了吗？其实不然。智商主要依靠天生，情商却完全不同，情商并非主要依靠天生，更大程度上取决于后天的修养

和提升。要想具备高情商，女性朋友们就要在生活中多多修炼，这样才能让自己获得越来越多的幸福。

当然，提升情商也并非说说那么简单。首先，女性朋友必须具备强烈的意愿，这样才能时刻把提升情商放在心头，也才能时刻提醒和警示自己注意修炼。其次，提升情商要摆正心态。很多女性朋友心理脆弱，遇到小小的困难就马上想到放弃，无法经受任何磨难。所谓高情商一定是积极正向的，因而女性朋友们必须具备积极乐观开朗的心态，才能让自己获得更大的进步，顺利成长。再次，女性朋友要想提高情商，还要远离负面情绪。正如一位名人所说的，人最大的敌人是自己，很多人都被囚禁于自我形成的囚牢中，根本无法挣脱出来。而一旦战胜自己，人生的境界也会随之豁然开朗，因而获得幸福也就水到渠成。最后，提升情商还要拥有优秀的品格。众所周知，这个世界上没有绝对的自由，任何自由都是在规范和规则范围内的自由。因而一个高情商的女孩，必然是能够自律和自我约束的，这样才有利于自我提升和自我完善。

大学毕业之后，作为独生女的莹莹一心想离开父母身边，去遥远的大城市打拼。然而，年迈的父母不想让她走得那么远，毕竟相互照顾起来也不方便。为此，莹莹与父母展开了拉锯战，每当父母提议让她去稍微近点儿的省城工作时，她就口无遮拦地说："你们就知道考虑自己。在咱们这个鸟不拉屎的地方，省城有什么好的呀？你们要不是为了让我照顾你们，为何不让我走呢？"妈妈委屈地说："莹莹，爸爸妈妈的确越来越老了，需要你的照顾，但是你也需要爸爸妈妈的照顾啊！咱们是一家人，作任何决定都要综合考虑，你不能自私，也不能自以为是。"不想，莹莹就像着了魔一样，一心一意想要离开。思来想去，她决定改变策略，争取爸爸妈妈的支持。

在爸爸妈妈的结婚纪念日上，莹莹准备了一个大蛋糕，还给妈妈准备了一束鲜艳的红玫瑰。她温和地对妈妈说："妈妈，我还年轻，不想一辈子都囚禁在咱们这个小地方。我想，我就作为开路先锋去大城市打拼，等我站稳脚跟了，就把你和爸爸接过去。反正你们过几年就退休了，到时候也不用上班。只要熬过这几年，我相信咱们家一定会越来越好的。到时候，您也成了大城市里的人，偶尔回来探探亲，不也很好么，您说呢？”莹莹温和的话让妈妈反对的态度不再那么坚决，爸爸也改变想法，支持莹莹开拓自己的人生。

即便是子女与父母之间，交流也是需要讲究技巧的，更要子女发挥高情商，把话说到父母的心里去。在这个事例中，莹莹为了离开家去大城市打拼，与爸爸妈妈之间争执不断。直到父母的结婚纪念日，她才改变策略，以合情入理的表达方式把话说到了妈妈心里去。所谓父母子女，其实就是一场渐行渐远的修行。现代社会，越来越多的老人空巢，这也是社会生活的无奈和悲哀。假如子女能够多多为年迈的父母考虑，在顾全个人发展的同时，也能兼顾父母的感受，那么一定能够处理好和父母之间的关系，也使得家庭生活其乐融融。

要想生活得顺遂如意，我们就要学会以高情商与人生斡旋。很多时候，人生都是不如意的，我们与其抱怨，不如将这宝贵的时间用来改变生活。现代社会，人际关系被提升到越来越高的高度，作为女性，我们更应该发挥高情商，玩转自己的生活和工作，使自己获得真正的幸福。

高情商，助力女孩辨识幸福的方向

每个人的人生都面临各种各样的选择，尤其是随着人生的推进，选择也会变得更加复杂和多样化。可以说，人生就是由选择构成的，女人必须作好每一次选择，才能准确找到幸福的方向，也才能把幸福真正地握在手中。

当然，每一次选择都不能保证一定能够获得成功，也未必能够帮助我们得

到幸福。也因为心中忐忑不安，所以我们在面对选择的时候就更加紧张局促。所谓关心则乱，当选择关系到我们人生的发展和幸福的归属，我们在面对选择时也就更加紧张不安，患得患失。其实，选择并没有我们现象中那么难。只要我们能够摆正心态，端正人生的态度，就能够找到获得幸福的途径，从而使自己的人生与快乐幸福常相伴。遗憾的是，生活中有很多女人都会被表面现象蒙蔽，她们不知道如何辨识，更不知道如何坚决果断地作出选择。在这种情况下，高情商就派上了用场。通常，高情商的女孩在面对选择时会把目光放得长远一些，不会鼠目寸光，因而她们才能得到梦寐以求的幸福。就以寻找爱人的事例来说吧，现代社会进入快餐时代，人们对于爱情似乎也失去了耐心，恨不得爱情变成方便面，只要用开水冲泡一下就能吃进肚子里。殊不知，短平快的爱情注定也是短寿的，一见钟情尽管是每个女孩心目中的梦想，但是也难以改变大多数爱情必须历经时间考验才能见真章的事实。

当我们的心被物质蒙蔽，被欲望遮蔽时，我们很快就会失去人生的方向。高情商的女孩则不同，她们意志坚定，很清楚自己想要怎样的生活，也知道幸福在何方。在漫长而又短暂的人生中，也许她们会走很多弯路，但是她们心中始终牢记着人生的方向，也能够在自己伟大梦想的指引下不断努力奋进。总而言之，高情商能够帮助女孩们找到幸福的方向，也帮助她们不遗余力地奔向幸福的未来。

大学期间，晓雪作为校花有着无数的追求者。他们之中不乏高富帅，也有很多才华横溢的佼佼者。但是，晓雪从来不为他们心动，原来晓雪早就已经心有所属了，她喜欢一个来自农村的穷小子——李鹏。李鹏虽然家境贫寒，人长得也不够帅，而且看起来木木的，似乎有些愚钝，但是晓雪就是喜欢他淳朴的模样，更是对他展开了强烈攻势，大有女追男的架势。

大学毕业之后，曾经的校园恋情面临着分离，很多爱情因此而终止，也有些同学为了爱情义无反顾。晓雪呢，她居然决定跟随李鹏回到他遥远的家乡，去到偏僻的小县城里生活。对此，不但同学们不理解，晓雪的父母和兄长也强烈反对。不想，晓雪早已对此想得很清楚了，因而不管反对的呼声多么高，她都意志坚定地说："我喜欢去小地方生活，那里山清水秀，环境宜居，可比在大城市呼吸雾霾强多了。最重要的是，我愿意追随自己的爱人，我相信一切与众不同。"

在晓雪的坚持之下，一切的劝说都起到相反的促进作用，晓雪最终成为了小县城的媳妇，跟随李鹏回到了家乡。结婚之后的晓雪生活得非常幸福，每次给远在大都市的父母打电话，她总是热情邀请父母来到她现在的家居住。她说："爸爸妈妈，这里才是适合生根发芽、开枝散叶的地方。你们如果真的到来，一定会喜欢这里的。而且，李鹏是我今生爱的选择，我不后悔没有选择那些条件比他更优越的男生，因为我从他这里得到了真正的爱情，这才是我一生渴求的。"

也许，会有很多读者朋友也不理解晓雪的选择，因而将其疯狂的举动归结于爱情使人疯狂。其实，晓雪之所以选择李鹏，就是因为她已经想好了要拥有怎样的生活。可以说，安逸的生活和李鹏纯朴的爱，对晓雪起到了互为补充和促进的作用，最终使晓雪作出了人生中的重大决定。现在的晓雪尽管生活清贫，但是她所得到的幸福并不比那些留在大城市打拼的女同学少。正所谓如人饮水，冷暖自知，晓雪也很清楚地拥抱着自己的幸福。

生活中，尤其是在面临重大抉择时，很多人都会遭到蒙蔽，导致根本不清楚自己真正看重和想要的是什么。在这种情况下，选择难免有失偏颇，也给人们带来惨重的损失。其实，每个人都有自己独特的人生，我们无须把别人成功的标准套用在自己身上，也无须按照他人的理想规划自己的人生。任何时候，幸福都是一种发自内心、无法掩饰的感受，因而聪明的女孩需要做的就是遵照自己的内心，坦然从容地选择自己的人生之路。

第03章

客观认识和评价自我
——情商修炼离不开深刻的自我反省

古人云，吾日三省吾身。所谓金无足赤，人无完人，没有任何人是绝对完美的，这也就要求我们必须时常反省，发扬优点，改正缺点，从而才能在人生路上不断奋斗进取，也才能成就更好的自己。尤其是想要修炼自身情商的女性朋友，更需要客观认识自我，既不妄自菲薄，也不妄自尊大，这样才能中肯评价自己，从而不断完善自我，获得长足的进步。从另一个角度而言，如果我们能够客观认知和评价自己，我们与他人的相处也会变得更加容易。由此可见，自我反省，客观认知和评价自我，对于每个人而言都至关重要，也将会对人生产生深远的影响。

第六感，暴露你内心深处大秘密

日常生活中，很多女性都习惯于“跟着感觉走”。而且，很多女性的第六感都非常神奇，往往能够帮助女人们识别真相，也在不假思索的情况下作出最佳选择。记得苏芮的一首歌名就叫《跟着感觉走》，随着这首歌的流行，很多女人都把“跟着感觉走”挂在嘴边，这似乎已经成为一种潮流。

那么，第六感到底是什么呢？第六感也被称为直觉，指的是除了听觉、视觉、嗅觉、味觉、触觉五种基本感觉以外的第六种感觉。通常情况下，第六感能够帮助机体预知未来，因而也被称为直觉，或者是超感觉力。从心理学的角度而言，第六感是机体模糊知觉，虽然说不清道不明，却具有神奇的作用和功效。现实生活中，有很多人都拥有直觉，只不过有些人的直觉相对敏锐，有些人的直觉更加愚钝一些。直觉敏锐的人，在事情发生之前就能敏锐地感觉到一丝丝蛛丝马迹，甚至有强烈的异样感觉。倘若能够及时作出改变和弥补，也许就能防止悲剧的发生。“情商之父”丹尼尔·戈尔曼就有强烈的直觉，他在一本书中记载了自己凭借着直觉，避开断桥灾难的经历。不得不说，这是非常神奇的，似乎有着某种超自然的力量，实际上这就是人类伟大的本能和敏锐的感觉。

现代社会，人际交往被提升到前所未有的高度，因而人们更加关注自身和他人的情绪情感，从而为交往奠定良好基础。如果能够很好地体察直觉，把

握直觉，则人际交往会变得更加简单，我们与自身的相处也会更融洽。由此可见，把握直觉，就相当于掌握了打开情绪宝藏的钥匙。

正值周末，丝丝带着八岁的儿子去公园里滑轮滑。因为自从搬家之后儿子已经有一年多没滑轮滑了，所以在带儿子走向公园的过程中，丝丝不免产生了不好的预感。她莫名其妙就想到儿子幼儿园同学的妈妈曾说，她小叔子家的孩子滑轮滑摔断了胳膊，因此她老公坚决不让孩子滑轮滑。这种感觉很不好，但是看着兴致勃勃的儿子，丝丝自我安慰：也许是自己杞人忧天吧，不会发生什么事情的。

到了公园，脏兮兮的、已尘封一年的轮滑鞋被拿出来，甚至有些锈迹。儿子很高兴，丝丝想到自己的感觉，叮嘱儿子一定要带好头盔。不想，儿子刚刚滑了五分钟，就痛苦地扑在地上，丝丝赶紧跑过去，儿子说摔倒的时候别着腿了，腿很疼。和另一个妈妈扶着儿子坐到花坛边上后，丝丝把儿子受伤的腿挪动到花坛边上，清晰地感觉到有骨头摩擦的声音。她心惊胆战，赶紧给老公打电话，来接儿子去医院。果不其然，儿子的右腿胫腓骨骨折，而且断裂的地方上下端都有骨裂，只能打石膏任由腿自主恢复，无法做手术。想到儿子有可能因此落下终身残疾，丝丝懊悔不已，悔恨自己在产生不好的感觉时没有及时制止儿子。

所谓母子连心，在儿子即将发生灾难的时候，作为妈妈，丝丝是有预感的。只是她没有重视这份第六感，而是自我安慰，幸好她提醒儿子一定要戴好头盔，否则也许受伤的就不仅仅是腿部。很多时候，灾难发生之前都没有明确的预兆，但是人的感觉却会作出机敏的反应。在这种情况下，如果我们更多地了解自身的直觉，从而能够准确捕捉和把握直觉，及时对自己的言行举止作出相应的调整，那么就能够改变即将发生的一切。

当然，有些直觉也是非常微弱的，很难捕捉到。这种情况下，敏感的女性朋友更容易捕捉到第六感。需要注意的是，尽管第六感是真实存在的，也被科学验证具有一定的科学根据，但是我们依然要保持理性和镇定，这样才能保持理智，不被汹涌澎湃而来的第六感冲昏头脑。

坚持自我，才能活出真我风采

现实生活中，有很多朋友都对自己不满意。她们或者嫌弃自己身材矮胖，不够窈窕，或者厌恶自己的黝黑皮肤，恨不得全身漂白，也或者对自己在学习和工作上的表现怨声载道，只想着努力改变自己。毋庸置疑，每个人努力获得进步是无可厚非的，但是这应该建立在悦纳自己的基础上。否则当改变自己的原因变成对自己的全盘否定，那么改变就无法起到积极的作用，也会对于我们的人生产生负面影响。

从心理学的角度而言，悦纳自己，意味着一个人对于自身的肯定，也会由此产生自信、自我欣赏等各种积极的感受。正如东施效颦，不能接纳自己的人往往看自己哪里都不顺眼，从而盲目改变，最终导致自己变成四不像，总是被他人牵着鼻子走。相反，悦纳自己的人才能坚定不移地做好自己，展现出自己的风采，最终在坚定不移的人生路上获得最大的成就，也拥有人生的辉煌。

我们必须接受一个现实，那就是我们并不完美，而且这个世界上根本没有完美的人存在。每个人身上都是优点与缺点并存的，只有客观认知和评价自我，做到取长补短，扬长避短，才能督促自我不断进步，获得精彩的未来。既然如此，我们何必要人云亦云，或者因为他人一句无心的评价就改变自己呢？邯郸学步，最终只能爬着回到自己的国家，还不如以自我原本不够优美的姿

态，跑跳自如呢！

十六岁那年，索菲亚·罗兰进入影视圈，遗憾的是，她坚挺的鼻子和肥硕的臀部，遭到了导演和摄影师的一致反对。摄影师无论怎么努力，都无法把她拍得美丽动人。为此，导演对她说："假如你能改变自己的鼻子和臀部，也许还可以在影视圈拼出自己的天地。"然而，索菲亚·罗兰丝毫不把导演的话放在心里，她充满自信地说："也许我并不像其他女星一样有着标准的身材和面孔，但是这恰恰是我与众不同的地方。我只想做我自己，不想改变。"

后来，观众在看腻了各种千篇一律的面孔之后，果然欣赏到索菲亚·罗兰与众不同的美。很快，她就拥有了无数忠诚的观众，并且在影视圈获得了巨大的成就，成为举世闻名的影星。

在这个世界上，绝不存在绝对完美的人和事，我们唯有及早认清这个道理，才能理智认识自己，最大限度地发挥自身的优点和长处，鞭策和激励自己不断奋进。在真正发自内心地接纳自己之后，你会发现自己的内在心理世界产生了翻天覆地的变化。你不再抱怨命运没有作出最好安排，而是悦纳自己，珍爱自己。你的眼睛不再一味着盯着自己的缺点和不足，也不再因为不够欣赏自己感到痛苦，你充满希望，生机勃勃，奔向人生的全新旅程。

尤其是对于敏感细腻的女性朋友而言，悦纳自己，保持和坚持最真实的自我，显得尤为重要。一味地改变只会使我们迷失方向，而根本无法使我们变得更加完美。保持自我，还需要摒弃那些毫无意义的伪装。诸如，当你想哭的时候，不如就痛痛快快地哭出来；当你想笑的时候，也没有必要掩饰自己。也许这样的你并不能得到所有人的喜爱，但是这样的你才最真实，也才是真正的你。事实就是，你必须接受本真的自己，悦纳本真的自己，你的人生之路才能更加顺遂，你的人生也才能获得最大的成功。

一日三省吾身，拥有人生的“魔镜”

在脍炙人口的《白雪公主》里，那个蛇蝎心肠的后妈拥有一面忠诚的魔镜。不管什么时候，只要她问魔镜谁是世界上最美丽的人，魔镜总是如实回答“白雪公主”。尽管这个诚实的回答给白雪公主招来灾祸，但是后妈却因此知道了真相。其实，我们每个人都有属于自己的“魔镜”，那就是我们坦然面对内心世界、获得真相的勇气。

现实生活中，很多人都活在自欺欺人之中，他们不敢承认自己的缺点和不足，也因此一味地逃避，勾结心中的魔镜一起欺骗自己。如此下去，最终的结果是什么呢？结果就是他们不能客观公正地认知和评价自己，也不知道自己的优点和缺点是什么，更无法做到扬长避短、取长补短，帮助自己获得长足的发展。如此一来，人生的“魔镜”就完全失去了意义。相反，那些功成名就的伟大人物，不但具有天赋，最重要的是他们还拥有忠诚的“魔镜”。当他们质疑自己、反思自己时，魔镜一定会忠心耿耿地给出真实的回答，尽管答案有时让人难堪，但是能够激励他们进行深刻的自我反省，也想方设法地弥补自身的不足，使自己进步神速。正如古人所说，吾日三省吾身。的确，我们每个人都有缺点和瑕疵，一味逃避并不能使这些缺点不复存在，只会蒙蔽我们的眼睛和心灵。尤其是女性朋友，更应该让自己的内心变得强大，能够坦然面对和接纳自己的一切。

遗憾的是，很多人都觉得很了解自己，也坚信自己足够优秀，因而完全摒弃了“一日三省吾身”。殊不知，人最熟悉的人是自己，最陌生的人也是自己。要想对自身作出客观公正、准确真实的评价，我们就必须坚持进行自我反省，坚持主动自我修正。无疑，这需要莫大的勇气和顽强的毅力。人性的本能决定了人们只想要听到肯定和赞美的话，而不愿意遭受批评和否定，因而否定和反省自身就变得更加艰难。然而要想成长，我们就必须进行自我反省。意识到这一点，你们是否能够鼓起勇气拿起反省这把“手术刀”狠心地剖析自己了呢？

细心的人会发现，一个真正优秀和幸福的女人，绝不会蒙蔽自己。相反，她们常常针对自己的缺点和不足进行积极的弥补，也会在灵魂深处拷问自己。由此可见，女性朋友只有坚持自我反省，才能离幸福越来越近。此外，坚持自我反省也是女性高情商的表现。

在大学校园里，作为一名指导员，张晴无疑深受学生们的爱护和拥戴。按理来说，刚刚大学毕业的她自己也还算是一个孩子呢，同时也缺乏人生经验和阅历，她到底是如何赢得学生信任，得到学生青睐的呢？原来，张晴是一个非常善于自省的人，她和学生们在一起时从未把自己当成老师，而是作为学生们最值得信任的知心姐姐出现。

记得有一次，有个同学因为期末考试好几门课程不及格，居然冲动地想要退学。起初，张晴和大多数指导员一样，劈头盖脸地就把那个同学数落了一顿，并且还说了一通诸如“要迎难而上”之类的大道理。等到那个同学无动于衷地走开之后，张晴才意识到自己的方法过于简单粗暴，她进行了深刻的自我反省：假如我是那名同学，我会怎么想，怎么做？想到这里，她茅塞顿开，因而马上又去找那位同学交流。最终，她凭着耐心、体贴和理解，成功打开那位同学的心扉，帮助他解开了心结。年终，张晴被评选为优秀指导员。在颁奖典礼上，她谦虚地说：“其实，我在指导员这个岗位上还很稚嫩，因而我一定要时刻保持反省进取的心态，这样才对得起老师和同学们的信任。”

作为一名刚刚毕业的大学老师，张晴并不比学生们大几岁。正是在这样的状态下，她从未以老师自居，而是坚持自我反省，不断进取，最终在工作上获得了成绩。相信如果张晴始终以这样的状态行走在人生路上，一定能够获得人生的辉煌和成功。

对于任何人而言，反省都是完全有必要的。这是我们进步的阶梯，也是我们不断努力进取的方式和手段。现代社会，每个人都在生活中承受着巨大的压力，在工作中面临的竞争也更为激烈。尤其是女性朋友，不但要照顾家庭，还要在社会生活中与男性平分秋色，因而更需要不断完善和提升自我，才能获得进步。当然，自我反省并不仅仅局限于发现自身的缺点，也包括不断发掘自身的优点，激发出自身的潜能。科学家经过研究证实，每个人都拥有巨大的潜能，这就像一座宝藏，要掌握钥匙才能打开。自我反省，就是发掘自我的钥匙。

女性朋友们，如果你们想要提高自身的情商，就从自我反省开始做起吧。相信当你们越来越优秀、当你们迎风绽放时，一定能够赢得更加美好的人生。

反问自己，才能更深刻地洞察心灵

在前文中，我们说了自我反省对于人生进步和发展的重要意义，也许有些朋友会问：怎样才能进行自我反省呢？的确，自我反省并非简单的事情，要想事半功倍地进行自我反省，我们需要掌握一定的方法和技巧。

自我反省的方法有很多，大多数人会在每天结束的时候总结一天的收获，并发现不足。在这种情况下，再尽量找到解决问题的有效方式和方法，等到来

日弥补。这只是最粗浅的反省，可以作为一日的小结，但是对于真正的洞察心灵深处，效果并不大。当然，以此作为日常反省还是值得肯定的。

生活并不总是波澜不惊，偶尔也会掀起惊天巨浪。在这种情况下，人们会因为猝不及防的突然变故，导致心灵受到巨大冲击，也会因为事先没有准备而做出手慌脚乱的失策举动。在这种情况下，倘若后果严重，我们必然要进行深刻的反省。有的时候，在面临人生的重要抉择时，我们因为不了解自己内心深处的真实想法，所以不敢仓促作出决定，同时也会不断地深刻反思，洞察灵魂。每当这时，我们就需要采取反问自己的方式，进行心灵的反思和拷问。

毋庸置疑，拷问自己的灵魂是很残酷的，因为我们必须深度剖析自己，而且要毫无遗漏地批判自己，唯有如此，反省才能深刻、到位。通常情况下，女性朋友很难对自己下这样的“狠手”。然而，一个真正高情商的女性，一个想要获得圆满人生的女性，终究会让理智战胜感情，作出最坚定不移的选择。

作为一名普通的打工者，露西常常因为房租感到苦恼。她和丈夫都是普通的工薪阶层，一家三口如今还挤在租来的小小公寓中，每个月的租金很高，甚至和买房的按揭差不多了。为此，露西突然产生了一个想法：假如我们付首付按揭买自己房，也许多少年之后就拥有了自己的房子。然而，在和丈夫合计之后，他们发现自己根本无法凑够首付。一套小公寓，首付也需要十万美元，但是露西和丈夫只有两万美元的积蓄。这个困难并没有吓倒露西，露西坚信只要他们想买房，就一定能够战胜困难。

周末，露西和丈夫一起看好一套房子，他们马上开始筹钱。露西很清楚自己不能从银行借钱，因为这会影响她的按揭贷款。思来想去，她决定尝试着向开发商借钱。尽管开发商最初并不同意，但是在露西的软磨硬泡和苦口婆心之下，开发商最终答应了露西的请求。不过，露西为此必须每个月支付两千美元的分期付款，而且要支付利息。因此，露西决定全家人省吃俭用，度过又还按揭又还首付分期的艰难岁月。经过精确计算，露西发现每个月的家庭开支可以节省出一千美元。除此之外，她还有一千多美元的亏空。露西找到老板，主动申请在周末加班处理那些相对琐碎的事情，而且申请加薪。考虑到露西自从工作以来一直兢兢业业，老板同意了露西的请求。加班费用和加薪，正好够露西支付首付分期。这样一来，露西全家顺利搬入新家，人生从此掀开了新篇章。

在这个事例中，露西在一筹莫展的情况下，利用了反问的方式拷问自己。假如一开始她就因为即将面临经济上的窘境而放弃买房的念头，也许再过几年她依然买不起房子。幸好她没有放弃，而是根据内心深处的需求，不断反思和反问，最终逐个解决难题，从而帮助全家人住上新房。

现代社会中，面对日益增加的压力，女性朋友即使智商很高，但情商如果不够，也无法拥有幸福的生活。尤其是在面临生活中接踵而至的困难时，更需要女性朋友运用自己的高情商，兵来将挡、水来土掩地解决难题。生活中，有很多人每天都忙忙碌碌，最终却一无所获。我们必须经常反思自身，找到问题的症结所在，才能成功打开心中的谜团，解决人生的诸多难题，也使得人生渐入化境。

勇敢面对和辨析自我，才能反思进取

人的本性就是趋利避害，现实生活中，大多数人都希望获得成功，很少有人能够真正坦然地面对失败。实际上，人是不完美的，人生也不会永远一帆风顺。尤其是面对变幻莫测的人生，作为强大的人，弱小的人，我们的角色总是在不停转换，也因而难以避免面临各种各样的境遇和处境。在这种情况下，如果因为自身的不足就轻易放弃，人生无疑会处于永远的困境之中，导致无法进

步。相反，人生真正的强者，不会因为遭遇小小挫折就放弃，而是会勇敢面对自我，剖析自我，客观认识和辨识自我，如此不断反思，不断进取，迎来人生的辉煌。

也许每个女性朋友从小都有一个公主梦，都希望自己是处处顺遂如意、完美无瑕的公主。也因此，即便长大成人，她们也依然有着“完美”的梦想，希望自己的人生总是能够一帆风顺下去，希望自己能够心想事成，获得成就。然而，理想很丰满，现实很骨感。真正的完美只存在于梦想之中，作为一个高情商女人，我们不应该盲目追求完美，而要理智接受自己，客观评价自己，发自内心地悦纳自己，才能在人生路上不断圆满，获得成功。

莉莉是个非常优秀的女孩，不但蕙质兰心，而且学习成绩很好，是学校里的佼佼者。不过，莉莉有个缺点，那就是她好胜心强，特别喜欢嫉妒他人。比如前段时间，莉莉和小娜一起作为班级代表，参加学校举行的演讲比赛。因为各种各样的原因，莉莉在演讲比赛中失利，只得了三等奖，和她同去的小娜却得到了一等奖。为此，莉莉非常失望，也对小娜的成功愤愤不平。她原本和小娜是好朋友，却因此整整一个星期不搭理小娜，更没有像大多数同学一样向小娜表示祝贺。就这样，原本的好朋友变成了陌路人。

后来，老师得知此事，语重心长地对莉莉说：“莉莉，你很优秀，但是没有人会面面俱到地获得成功。每个人都有自己擅长的领域，也有自己不擅长的领域，一个真正优秀的人，不但能够接受自己的成功，也能真心祝贺他人获得成功，更何况这个人还是自己的好朋友呢！等你走入社会，就会发现你不可能一直在每个方面都获得成功，所以你要学会真诚地祝福他人，为他人取得的成功高兴。”听了老师的话，莉莉懊悔得不停点头，后来她主动和小娜和好。从此之后，她在班里的人缘越来越好了，也得到了大多数同学的认可和支持。

女人是感性的，尤其是涉世未深的女孩，更容易受到情绪和情感的左右，导致做出冲动之举。事例中的莉莉因为妒忌心强，即便对于好朋友的成功，她也无法接受。倘若这样的缺点不及时改进，那么日久天长，她在长大成人走入社会之后，一定会吃足苦头，人生也会因此受到局限。

当然，除了嫉妒心强之外，很多女性朋友还会自卑，并且喜欢攀比、崇尚奢侈消费、爱面子等，这些都是人性的弱点。明智的女性朋友在发现自身的这些缺点之后，一定会及时改进，从而实现自我提升和完善。总而言之，我们必须记住，一味地逃避永远也解决不了问题，唯有勇敢面对，积极改进，我们才能更上一层楼。

第04章

做情绪的主人
——能够主宰情绪的女孩才能主宰人生

情商的根本就在于掌控情绪，也就是要了解自己的情绪，主宰自己的情绪，了解他人的情绪，理解他人的情绪。只要做到这一点，一个人的情商就会自然而然地得到提高。也许有人认为控制情绪是很简单的事情，殊不知，虽然情绪产生于我们的内心，但是控制情绪并不容易，因为情绪是我们心理波动的产物，很多情况下，我们并不能完全主宰自己。现代社会，一个人如果想要获得成功的人生，就要修炼自身的情绪，尽量做到心平气和，也要学会主宰情绪，如此才能在人际交往中更加如鱼得水。总而言之，唯有高情商的女孩才能成为情绪的主人，也才能顺利主宰自己的人生。

情绪也有阴晴，掌握预报及时调整自我

常言道，五月的天，孩子的脸。其实，不仅天气有阴晴风雨，人的情绪也如同反复无常的天气一样是有阴晴的。尤其是对于很多感情细腻敏感的女人而言，也许前一分钟还是阳光明媚，后一分钟就因为莫名其妙的原因，变得晴转多云，甚至狂风暴雨。不过也无须担心，因为只要能够以得当的方法哄得女性朋友开心，下一分钟她们的脸又会雨过天晴，彩虹和阳光同时出现。如果用一个词语来形容女性的情绪特点，那就是——善变。

通常情况下，人的情绪都具有不稳定性。因而随着客观环境的改变或者事态的不断发展，女性的情绪马上就会敏感地发生变化；此外，女性情绪的持续时间也比较短，因而具有在短时间内迅速改变的特点。举个最简单的例子，一个单身女性兴冲冲地参加好朋友的婚礼，原本非常高兴，但是当想到自己至今还形单影只时，也许她马上就会变得沮丧绝望。然而，在好朋友们一起疯狂玩乐的情况下，也许她又会很快地消除郁闷的情绪，及时行乐，尽情和朋友们狂欢。随着对情绪了解的逐渐深入，我们渐渐意识到，不管是积极的情绪还是消极的情绪，都不会长久地驻留在我们的心头，而是会很快消散。既然如此，我们只有掌握情绪的晴雨表，才能及时调整自己的情绪，从而合理安排自己的生活，做到幸福快乐。

当然，即使情绪的变化反复无常，也是有规律可循的。只要我们做到认真

细致，体察入微，就能够捕捉到情绪改变的预兆，从而更好地把握情绪，进行自我调整。细心的女性会发现，积极和消极情绪的表现截然不同。当我们拥有积极的情绪时，哪怕是面对挑战和困境，也能鼓起勇气勇往直前。反之，当我们身陷消极的情绪时，难免会沮丧绝望，不管做什么事情都提不起精神来。如此一来，我们怎么可能拥有振奋的人生呢？

人们常说，冲动是魔鬼，生活中的很多悲剧之所以发生，的确与冲动有着无法摆脱的干系。而且，人在愤怒的驱使下会导致智商降低，甚至做出很多让自己追悔莫及的事情来。只有始终保持情绪的平静，即消除愤怒的情绪，我们才能维持理智，从而作出正确的选择。当然，人生并非平淡如水才好，有些时候我们的确需要热情的驱使，才能更好地拥抱和享受人生。例如工作需要激情，生活需要热情，当积极正向的情绪成为我们人生最大的驱动力时，我们的人生也会变得与众不同。总而言之，各种情绪都有神奇的能量，或者毁灭我们，或者成就我们。我们只有正确把握情绪，合理运用情绪，才能让情绪成为人生的助力。

需要注意的是，每个人的情绪都有自身的特点，因而我们要想了解自己的情绪，首先应该客观认知和评价自己。只有更加深入地了解自己，我们才能解开情绪的神秘面纱，驯服情绪这匹野马。

倩倩最近正在和男朋友闹别扭，尽管相隔遥远，但是距离并不能阻碍他们时不时地斗嘴吵架。眼看着男友已经三天没有写信给自己了，倩倩非常气愤，请了半天假，来到县城里的邮局，怒气冲冲地要了一张电报纸，几笔就写了一行字。然而，她想了想，把电报纸扔掉了。随后，她又要了一张电报纸，这次她花了两分钟才写好，但是这张电报纸的命运也好不到哪里去，依然被扔掉了。在足足思考了五分钟之后，倩倩要了第三张电报纸，又用了五分钟时间一笔一画地写完，然后才郑重其事地交给报务员发出去。

倩倩离开后，报务员好奇地拿起三张电报纸进行比较，不由得哑然失笑。

原来，第一张点报纸上赫然写着："我们完了，我再也不想见到你。"第二张电报纸上写着："再不给我写信，永不原谅。"第三份点报纸上写着："我要见你，乘车速来。"

没错，女孩的情绪就是这样千变万化，而且经常会在很短的时间内就出现天壤之别。假如第一封电报发出去，也许倩倩和男友的爱情就结束了。第二封电报发出去，男友倘若爱面子，也必然不会妥协。第三封电报无疑是和解的强烈信号，也释放出倩倩对男友的浓浓爱意，相信男友一定会迫不及待地买车票，飞奔到倩倩身边。从另一个方面看，这也表现出倩倩是一个高情商的女孩，她明白冲动是魔鬼的道理，在没有确定分手之前，尽管一气之下写出语气恶劣的电报，最终却选择销毁。

生活中，有很多女孩都受到情绪的影响，有些缺乏理智的女孩，就在冲动之中葬送了自己的幸福。其实，只要我们真正了解自己的情绪特征，能够做到像在交通信号灯的红灯面前一样宁停三分不抢一秒，冷静之后再妥善处理问题，我们的情商必然越来越高，也会远离低情商的冲动行为。除此之外，一个能够主宰自身情绪的女孩，不但能够做到善待自己，也能够做到使他人觉得舒服。特别是在遭遇危机的情况下，能够控制情绪的女孩就相当于掌控了大局。由此一来，自然能够拥有良好的人际关系，也使自己的人生更顺遂如意。

自我管理，才能梳理情绪获得幸福

说起管理，很多女孩一定觉得纳闷：我们既不是领导，也不是高管，哪里需要涉及管理呢？没错，你看到的这个标题完全正确，在此我们需要管理的是自己，而不是他人。一个人要想获得幸福，就要主宰情绪；要想主宰情绪，就

必然要进行合理的自我管理。也许有些朋友会觉得好笑，自己是我们最熟悉的人，也是我们的本体，如何还需要管理呢？其实，自己也恰恰是我们最陌生的人，和应对他人与外界相比，管理好自己更需要我们付出巨大的努力。从这个角度来说，我们必须学会自我管理，才能距离幸福的人生更近一步。

众所周知，幸福是人生的一种感受，尽管与生活的方方面面密切相关，但是实际上又与很多事情没有必然的联系。诸如一个千万富翁未必觉得幸福，一个衣衫褴褛、食不果腹的乞丐也未必觉得不幸福。真正的幸福，是内心的平静和淡然，是内心深处的一泓清泉，也是人生之中明媚的阳光和甘甜的雨水，更是煦暖的春风。每个人都想得到幸福，殊不知，幸福并不是从外界和他人那里得到的，而完全来自于我们的内心。当我们情绪平静，内心祥和，对现在拥有的一切感到满足和喜悦时，我们就是幸福的。反之，如果我们的心陷入欲望的深渊，不管拥有多少都觉得还有巨大欠缺，那么最终我们的心就会变得焦躁不安，我们的人生也再无幸福可言。

曾经有位名人说，和谐就是美。对于每个人而言，道理同样如此。我们只有保持自身的和谐，努力做到人生的平衡，我们才能有缘得到幸福。毋庸置疑，人的情绪总是有好坏之分，好情绪使人心平气和，心情愉悦，坏情绪使人歇斯底里，暴躁不安。很多女性朋友都曾有过这样的体验，对于我们最心爱的衣橱，假如一段时间不整理，就会在日复一日的乱翻乱找中变得混乱不堪。其实，我们的情绪也和衣橱一样，需要定期梳理，摒弃那些无用的垃圾，把留下来的精品分门别类地摆放，这样才能拥有秩序井然的好心情，也才能拥有井井有条的人生。反之，若情绪一直紊乱，我们的人生也会变得毫无头绪，混乱不堪。

作为电器公司的售后客服人员，小雅进入公司一年多之后，就被提拔为客服主管。对此，同事们全都心服口服，没有人因为小雅入职时间很短就得到升职而感到不公平。原来，这一切都归功于小雅的出色表现。

在日常生活中，小雅原本是一个脾气暴躁的人。不过，自从她决定去售后部门工作之后，她就决定改变自己。曾经说起话来如同连珠炮、大嗓门的她，变得温和细腻，即便遭到客户的怨声载道，她也绝不抱怨。有一次，公司总部下来暗访人员，以莫名其妙的借口对着小雅一通抱怨。当时，很多其他同事都恼怒了，唯独小雅依然和颜悦色地说："您好，我很理解您的心情，毕竟买了家电出现质量问题，不但要在经济上承受损失，最重要的是还要花费时间和精力处理问题。您看这样好不好，我会第一时间安排售后人员去您家里，为您的电器免费检修。如果的确是质量问题，我们会无偿为您更换。如果过了换货期，也会无偿为您维修。总之，一定让您满意，也尽量少浪费您的宝贵时间。"看到小雅这么说，那么故意刁难的"伪装"客户自然也不好意思继续纠缠，又加上小雅始终笑脸相迎，他只得同意小雅的解决方案。在一个月之后公布这次总部"微服私访"的结果时，小雅在全国一百多个售后服务店的众多客服中名列第一。可想而知，她被提升为本地的售后主管也是情理之中的。

在这个事例中，下决心要做好售后服务工作的小雅，一改暴躁的脾气，努力提高自己的情商，竭尽全力控制自己的情绪。她很清楚售后工作难免经常受气，因为每一个需要售后服务的客户心中都必然有着或大或小的怒火。她也作好了准备，所以才能兵来将挡，水来土掩，始终以满面春风的微笑，帮助顾客做好售后服务工作，竭力令顾客满意。

其实，不仅仅是从事售后工作的女性需要调整好情绪，作好自我管理；即便是在日常生活与工作中，我们每一个人也都需要梳理自己的情绪，让自己怀着积极乐观的态度面对人生，畅享人生。记得曾经有位名人说，生气是拿别人的错误惩罚自己。生活本就艰难，既然如此，我们为何还要与自己过不去呢！当我们心中释然，对于人生中一切的突发事件和不平等待遇也都能够做到平静相对时，我们的人生自然进入更高的境界，我们也能够得到更加豁达从容的幸福。很多女性朋友往往会犯小心眼的毛病，这些朋友更应该记住一个道理：世

界在你的心中。要想拥有开阔的人生和广阔的天地，我们就必须打开心胸，放眼未来呢！

及时调整情绪，不再歇斯底里

不管是在生活中，还是在工作中，也不管是在顺境中，还是逆境中，情绪总是与我们如影随形。它无处不在，无时不在，总是影响着我们人生中的点点滴滴。毋庸置疑，大多数人一生之中的大多数时候，还是拥有平和情绪的。前文也说过，人生总有意外，还会有突如其来的灾难，这种情况下，只有内心真正强大的人才能做到坦然以对。大多数人别说面对灾难了，即便只是面对人生的不如意或者他人的误解，也会马上歇斯底里，引发情绪的导火索。

在这种情况下，我们每个人都要对自己的情绪有一定的预知能力，而且要及时做出预案。这样，在情绪突然爆发时，我们才不至于手足无措，也能够有效避免因为情绪冲动导致的巨大损失。怒火中烧、歇斯底里，甚或是气得七窍冒烟、口吐鲜血，也都于事无补。要想真正解决问题，唯有保持情绪的平静，想出理智周全的办法，才能尽量避免损失，挽回恶劣的后果。

常言道，冲动是魔鬼，这句话非常有道理。如今，网络非常发达，有任何风吹草动的事情发生，网络马上就会做出反应，因而好事不出门，坏事传千里也成为现实。经常关注网络新闻的朋友们会发现，很多邻居之间，甚至是夫妻之间、父母子女之间发生的悲剧，都与情绪冲动有着密切关系。在盛怒之下，哪怕有一方能够控制好内心的怒气，也就能够避开彼此情绪的疯狂阶段，给彼此时间恢复冷静。细心的朋友们会发现，很多时候在盛怒之下想要做的疯狂举动，一旦过了那个时间点，或者过去几分钟、几个小时，也或者过去一个晚上，我们的想法就会彻底改变。也正因为如此，人们才总是说时间是治愈创伤的良药。哪怕是刻骨铭心的伤害，只要假以时日，最终也定然能够渐渐愈合，甚至淡忘。这就是时间的魔力。从这个意义上来说，当我们情绪冲动的时候，最好的办法就是冰冻自己的情绪，不要在情绪的驱使下做任何事情，而要努力帮助自己恢复平静，也让自己得到最佳的心理治愈。这不但是原谅别人，更是宽容自己的表现。

调节情绪的方式有很多，诸如通过意识进行积极的自我暗示，通过语言开导和劝说自己，通过转移注意力的方法让自己忘记愤怒，也可以做一些让自己心情愉悦的事情，还可以设身处地地为对方着想。所谓只要功夫深，铁杵磨成针，我们也可以说，只要想方设法，只要真心不想因为一时冲动酿成大祸，我们总能够找到适合自己的方法平复情绪。

现实生活中，有很多情商低的人都喜欢较劲。他们之所以生活得不快乐，就是因为时时处处与自己较劲，也与身边的人和事情较劲，甚至与自己的整个人生较劲。在这种情况下，他们的整个人生都是拧巴的，又谈何幸福呢？因而，要想疏导自己的情绪，还要学会接受自己，接受他人，接受不能改变的事实。只要我们的状态不再是对抗，人生也会因此顺遂起来。

最近这段时间，王娟对于丈夫刘强极其不满意。原来，因为王娟此前不满刘强的工作太辛苦，无暇照顾家庭，所以刘强刚刚换了一份工作。这份工作朝九晚五，不需要加班和出差，这样刘强就能每天按时下班，回家陪伴王娟和孩子了。不过，问题也随之而来，那就是刘强的工资收入锐减三分之一，每个月家庭整体收入也就减少了三千多元。原本，作为掌管家中财政大权的当家人，王娟每个月都能存下几千块钱，现在每个月却只能保持开支平衡，根本没有余钱。这不，这样的日子刚刚过了几个月，王娟就从刘强每天按时下班的陪伴幸福中跌落出来，她开始喋喋不休：“你看看，我妹夫人家比你年轻十岁，每个月挣得可比你多多了呢！”一开始，刘强还能忍受，后来随着王娟的唠叨

越来越频繁，他不由得怒火中烧：“早知当初，何必当日呢！是谁让我换工作的？”王娟自知理亏，却无理辩三分，丝毫不甘示弱：“怎么啦？我看那些大富翁人家每天都很清闲，难道你夜里不睡觉一天二十四小时都上班，就能赚到钱了吗？自己无能，就从自己身上找原因！”

听到“无能”二字，刘强气得悻悻然离开了。王娟却不依不饶，继续发短信辱骂刘强：“你呀，对于这个家可有可无，有和没有都一样，爱死哪儿就死到哪儿去，最好别回来了。”刘强看到短信气得浑身哆嗦，一个字也没有回复王娟。当天晚上，他住在单身汉朋友家里，没有回家。此后一连好几天，他都像人间蒸发了一样，毫无音讯。王娟不由得着急了，给亲戚朋友打电话，他们都表示毫不知情。此时，王娟才意识到自己的错误，觉得自己就像是一条歇斯底里的疯狗。她想起了刘强对待她和孩子的好处，不由得追悔莫及。

在这个事例中，王娟显然被愤怒冲昏了头脑，和自己所爱的人说话时，根本不假思索，口不择言。倘若她能够冷静思考，意识到凡事都不可两全其美，也意识到每个人都有自己的优点和长处，也许就不会看自己曾经深爱的刘强那么不顺眼。直到刘强人间蒸发，她才惊慌失措，却不知道那一句句尖酸刻薄、恶毒的语言，带给刘强的伤害是永久的。

日常生活中，夫妻之间斗嘴、吵架都是常有的事情。高情商的女性往往能够做到以柔克刚，不会和爱人以硬碰硬。就像事例中的王娟，虽然逞了一时的口舌之快，但是原本幸福的婚姻生活却因此扎上了一根刺，甚至还有可能因此葬送，不得不说损失惨重。假如王娟能够学会平衡自己，也能够理解丈夫是为了多陪伴她和孩子才换工作的，她就不会不分青红皂白地抱怨，最终伤了丈夫的心。

女性朋友们，假如你们也经常受到情绪的驱使，做出失控的事情，那么一定要从看到这篇文章开始，努力调整自己的情绪，千万不要因为冲动，做出让自己后悔的事情来。所谓说出去的话，泼出去的水，说些逞强、伤人的话除了伤害感情之外，没有任何好处。真正高情商的女孩，真正理智明智的女孩，绝对不会口无遮拦，口不择言。要想在人群中出类拔萃，就让自己成为一个高情商的女孩吧！当你成为情绪的主宰时，你会发现自己同时也成了整个世界的主宰。

乐自我，拒绝受到他人不良情绪的影响

所谓一个篱笆三个桩，一个好汉三个帮。秦桧还有几个好朋友呢，更何况我们作为现代人呢！众所周知，多个朋友多条路，多个敌人多堵墙，正是在这种思想的影响下，每个人都前所未有地重视人际关系的建立，也希望自己能够拥有好人缘。现代社会，每个人都是生活在人群之中的，除了与朋友亲密接触之外，我们还难以避免地要与形形色色的人打交道，诸如亲人、同学、同事等。总而言之，没有任何人能够做到完全独立于世，不依靠任何人生活。那么，我们认识的人越多，就一定能够得到越多的帮助和收获吗？其实不然。

所谓路遥知马力，日久见人心。很多时候，我们画虎画皮难画骨，知人知面不知心。抛开他人有可能存在的恶意不说，每个人的脾气秉性也是不同的，为人行事作风也迥然相异。在这种情况下，我们唯有通过与他人亲密接触，多多了解，才能真正熟悉他人，了解他人的脾气秉性，也才能拒绝受到不良情绪的影响。

尽管人们常说良师益友，但现实情况却是，我们常常受到他人不良情绪的影响，成为他人情绪的垃圾桶，导致自身情绪也变得消沉低落。从某个角度而言，情绪就像是空气一样，会在不知不觉中进入我们的心灵空间，防不胜防。尤其需要注意的是，人很容易受到情绪的感染，有的时候这种内心的变化我们

根本毫无觉察。因而，当我们意识到某个人会带来负能量时，一定要及时远离对方。宁可少一个朋友，也不要让自己受到影响，意志消沉。所谓近朱者赤，近墨者黑，也体现在情绪方面。

要想主宰自己的情绪，我们就要乐自我。当然，这里所说的乐自我并非是指要远离他人，拒绝他人，也并非是指明哲保身。而是说，我们要保护自己的情绪不受负面影响和侵害，也要更加慎重地对自己的情绪负责，因为每个人的人生都是属于自己的。对于大部分女性朋友而言，要想做到这一点，一定要有主见。当然，我们也需要积极采纳和综合参考他人意见，但是这并不意味着我们要失去主见。归根结底，只有我们才最了解自身的情况，所以别人的意见只能作为参考，而不能全盘照搬。率性的人生，就是要遵循自己的个性，活出最真实的自我。

叶子是个非常喜欢交朋友的人，不管走到哪里，她的身边都簇拥着很多朋友。然而，对于一个原本很喜欢、刚刚结识的朋友，叶子近来却有意识地疏远对方。这到底是为什么呢？

前段时间，叶子和这个朋友一起去餐厅喝茶。在聊天的过程中，这个朋友一直都在向叶子诉苦，不是说公司里的同事不够好，就是说自己的人生了无希望，活着没意思，要不就是抱怨父母没有给她优越的生活条件。叶子渐渐厌烦起来，起初她还试着劝说这个朋友几句，后来却有些不耐烦。好不容易结束了聚会，叶子如释重负，赶紧逃离。后来，她和闺蜜说："你不知道，我可算见识了损友。我每次和那个朋友见面，马上就会感觉原本阳光明媚的心情，突然间阴云密布，甚至在她不停抱怨时，我也觉得自己的人生灰暗起来。"闺蜜笑着说："看来你的正能量还是不够强大，不然不至于这么轻易被他人影响啊！"

闺蜜的话使叶子陷入沉思，的确，要是自己的内心足够强大，还何必害怕被对方洗脑呢！想到这里，叶子信誓旦旦地说："你说得对，我下次一定要以自己的正能量影响她，而不是总被她的负能量团团包围住。”

每个人都是独立存在的个体，因为每个人的人生观、世界观、价值观等，都是完全不同的。在与他人交往的过程中，我们难免受到他人潜移默化的影响，同样的，我们其实也在影响着他人。在这种情况下，我们当然要远离那些向我们传递负能量的人，同时也应该积极发挥自己携带的正能量，影响他人。要想不被他人的不良情绪左右，我们一定要坚持自己的主见，这样才能更加合理地控制和驾驭自己的情绪，也避免被他人引导，导致情绪低落。

现代社会，很多人都把“淡定”二字挂在嘴边。其实，有很多人都无法做到真正淡定。所谓淡定，就是不以物喜，不以己悲，能够从容地过着属于自己的生活，也对自己的选择无怨无悔。遗憾的是，更多的人总是盲目追随和模仿他人，根本找不到自己的人生方向。还有些人过于在乎他人的评价和意见，以致随波逐流。女性朋友们，从现在开始就努力修炼吧，控制自己的情绪，让自己成为一个心平气和的淡定女人，这样你才能拥有精彩洒脱的人生。

当然，需要注意的是，每个人都会或多或少受到外界的影响，因而我们也无须为此大惊小怪。只要坚持自我，把外界对我们的影响保持在合理范围内，我们就能够我型我秀，活出自己的精彩。

清理情感垃圾，让快乐常伴相随

随着时代的发展和进步，现代社会的人们承担着越来越大的生存压力，职场上的竞争也日益激烈，再加上各种各样的感情困扰，最终导致大多数人都产生了形形色色的不良情绪。假如不及时对这些情绪进行疏通和清除，日久天长，它们一定会滋生出新的情感问题、情绪问题、心态问题等一系列棘手的问

题，导致人与人之间变得更加冷漠，也导致整个社会生活不安定、不团结、不和谐。在这种情况下，我们还谈何幸福呢！

从我们个人角度而言，假如始终任由自己的心灵背负着沉重的负担，最终也许会不堪重负，更有甚者，还会导致我们彻底崩溃。就像一架机器在运用过程中如果始终坚持维修和保养，那么它有可能良性运转很多年一样，人的情绪和情感也同样需要定期维护和清除垃圾，从而进入良性循环。否则，一旦积劳成疾，积重难返，再想采取适当手段，就已经为时晚矣。

很多操持家务的女性朋友，每当年末的时候都会进行家庭大扫除。不但清除一年来的污垢，也要清除很多废弃不用的物品。的确，家庭生活日日常新，人们总是在不停地购买新的物件，假如用坏的、落时的、被淘汰的东西不及时扔掉，那么家里最终就会变成一个巨大的垃圾场，无处下脚。心灵也是如此。在繁重的生活中，我们的心灵不断滋生不良情绪、负面情感，作为心灵的主人，我们完全有义务也有权利清除这些情感垃圾，这样才能让我们的内心窗明几净，从而更好地享受生活，轻松地拥抱快乐。

一对新婚夫妇结婚没多久，妻子就发现丈夫有了外遇。为此，身怀六甲的妻子痛不欲生，想要离婚，又舍不得肚子里的孩子。最终，在丈夫真诚的忏悔下，她选择了原谅。

很快，他们的孩子诞生了，从此这个家从二人世界变成了三口之家。随着孩子的到来，家庭生活也变得紧张忙碌，为着这个小人儿，夫妻二人都开足马力，创造美好的生活。妻子负责在家养育孩子，丈夫负责努力挣钱养家，倒也相安无事。然而，就在孩子半岁的时候，妻子突然发现丈夫每次接电话都要去卫生间或者是厨房，关上门。妻子不由得犯了疑心病，一下子想起一年前丈夫的出轨行为，最终忍不住在丈夫洗澡的时候偷偷翻看丈夫的通话记录和短信。尽管毫无所获，她却始终不能完全信任丈夫。随着负面情绪的不断积压，她最终爆发了，歇斯底里地和丈夫大吵一架。面对妻子的质疑，丈夫心痛不已，委屈地说："每次接电话的时候，宝宝都在睡觉，我当然要去卫生家或者厨房关上门接电话，这样就不会吵醒他 啊。"听了丈夫的话，妻子也委屈地说："你也别怪我疑神疑鬼，还不是因为你上次出轨，我才这么没有安全感吗？"妻子的话使丈夫无语，许久丈夫才说："既然我决定和你在一起，回归家庭，就不会再犯同样的错误，你可曾见过一个人在同一个地方摔倒两次吗？我希望你能够对我放下成见，真心真意地和我过日子，清除那些情感垃圾，这样才能让我们的家更好，让我们俩更好。"妻子重重地点点头，决定要把情感垃圾清除掉，再也不让它们影响自己幸福的婚姻生活。

现实生活中，很多女孩都像事例中的妻子一样，一朝被蛇咬，十年怕井绳，也把那些情感的垃圾深埋在心底，每当有任何风吹草动，就把这些已经腐烂变质的垃圾拿出来，使其散发出难闻的味道，给生活带来不美好的感受。其实，人非圣贤，孰能无过。面对丈夫的错误，假如真的不能接受，不如选择放手，给彼此更大的生活空间。假如决定要原谅，就不要再继续以此为借口彼此伤害，导致对方失去尊严，从此破罐子破摔，那么伤害将会变本加厉。尤其是在有了孩子之后，婚姻出现任何变故，伤害最大的都将是孩子，这一点是每一个为人父母者都应该考虑到的。

其实，每个人都知道应该轻松地面对生活，只不过，等到事到临头时，又难免觉得不够自由。情绪和情感的发生总是那么猝不及防，使我们根本无法做出合情合理的反应。实际上，人生是应该学会健忘的，过多地记住那些不愉快的事情，除了使我们自身心情沉重之外，根本于事无补。与其不停地往回看，不如把眼光看得长远一些，朝前看去，也许会有意外的惊喜发现呢！原谅别人就是宽宥自己，这句话不但适用于普通的人际交往，也适用于亲人、爱人之间。所谓爱之深则恨之切，那是不明智的表现。一个真正高情商的女孩，必然能够更好地面对自己的内心，也能够坚持清除情感垃圾，使得自己的内心云淡风轻。

设身处地，让你理解和体贴他人

生活中，我们常常把设身处地为他人着想挂在嘴边，殊不知，真正想要做到并不容易。首先，无论我们怎么设身处地，如果没有相同或者类似的情感体验，也是不可能真正做到理解他人的；其次，每个人在考虑问题时都难免从自身出发，带有强烈的主观色彩，尤其是当有利益冲突存在时，我们更是难以保持冷静和理智，毕竟人的本能就是趋利避害。由此可见，我们要想真正设身处地为他人着想，首先应该养成站在他人角度思考问题的好习惯，然后还要尽量丰富和充实自己的阅历，增强自己的人生体验和感悟，这样才能尽可能地理解和体贴他人。尤其是在遇到利益纷争的时候，我们也要能够从他人的角度出发，理解他人苦衷，从而对他人宽容大度。

早在距今两千多年前，孔子就曾说过，己所不欲，勿施于人，由此可见他的处世哲学和人生智慧。在西方，《马太福音》也说，你们想让别人怎么对你，首先应该同样对待别人。这两句话虽然一句出自东方，一句出自西方，但是其中蕴含的道理是共通的。即我们必须学会换位思考，才能与他人更好地相处，也才能真正走进他人的内心深处。对于人类来说，要想实现真正的互助，必须做到换位思考。

每天早晨开车行驶在早高峰的路上，明明都提心吊胆的，因为她很担心会撞到别人的车屁股，尤其是当遇到紧急情况前车突然刹车时，她往往惊出一身冷汗。

一天早晨，早高峰依然拥堵，明明开着车，行驶在车辆密密麻麻鱼贯而行的路上。突然，前面的车紧急刹车，因为上班心急跟得很紧的明明，也一脚刹车，还好，还差两米就亲吻对方的屁股了。正当她暗自庆幸自己反应及时之际，突然间感觉自己的车屁股受到震动，她不由得沮丧万分，原来，后面跟着的一辆车刹车不够及时，直接亲吻她的车屁股了。明明恼火地打开车门，走到车后，正想发火呢，看到对方也急急忙忙地下了车，满脸焦急，问她：“大姐，车子没什么大事吧？”明明心中怒火燃烧：“怎么叫没什么大事呢？我的车子可是新车，如今屁股被破相了。”但是她转念一想：“赶着早高峰，大家多不容易，而且对方态度也不错。如果堵在这里等着交警到来，只怕今天会有很多人都因此迟到。”想到这里，她和颜悦色地说：“没什么大碍，我们拍个照片私了吧，走你的保险。最重要的是赶紧把车子挪走，不然的话，会影响后面的车辆行进。”就这样，明明很快和对方处理好相关事宜，在最短的时间内结束了这件事情。

假如不是明明设身处地为对方着想，为无数有可能因为他们的小剐蹭堵在这条路上的、心急如焚的上班族着想，也许这件发生在清晨高峰期道路上的事故并不会得到及时解决。当然，此事牵扯的精力越多，明明为此承受的损失也就会越大，她的心情也难免会因此受到影响，所以，最好的做法就是体贴他人，让自己也能尽快释怀。

只要我们学会换位思考，很多自以为无法原谅的事情，也就更容易释怀。当我们真正站在他人的角度考虑问题，做到设身处地地理解他人，为他人着想时，我们就能够缓解冲突，从而也使生活更加平和、友善。因此，女性朋友们，我们一定要放开心胸，多多理解和宽容他人，这么做对于人际交往有很大的好处，也会彻底改善我们的人际关系。尤其重要的是，这么做对于我们自身的愉悦生活也是很有帮助的，所谓原谅别人就是宽宥自己，当我们整日与别人较劲的时候，又怎么能有好心情呢？所以，高情商的女孩很善于理解和体贴他人，懂得站在他人角度上设身处地为他人着想，这样也就能为自己的人生开拓崭新的天地和境遇，也能够帮助自己赢得更加幸福的人生。

第05章

每个人都有超出想象的无穷潜力——自我激励助你挖掘自己

人生不是一帆风顺的，正所谓人生不如意十之八九，大多数成功的人之所以能够取得成功，就是因为他们意志坚定、百折不挠，因而即便面对人生的磨难，也能鼓起勇气战胜困难，最终成就自己。相反，那些常常失败的人，并非不够优秀，不够努力，而是因为他们缺乏自我激励的精神，总是一遇到困难就轻易放弃，由此导致人生总是不能坚持到底，这样又如何获得成功呢？一个永不放弃的人，能够柳暗花明又一村，也能守得云开见月明。

自我激励，助力人生自由翱翔

所谓自我激励，顾名思义，就是自己激励自己不断努力，从而达到自我预先设定的目标。从本质上来说，这是一种心理特征。曾经有心理学家认为，自我激励是实现成功的必要先决条件，倘若没有强烈的自我激励，人们在面临来自内部和外界的各种困难时，很难获得成功。可以说，人的所有行为都是在自我激励下产生和完成的，这也是人们内在驱动力的表现，它使人们不断向着目标奋进，最终成功到达人生的巅峰。

从心理学的角度而言，自我激励来源于自我期待。一个人只有对自身满怀希望，才能更加主动地激励自己，帮助自己排除万难，战胜坎坷和挫折。在中古时期，苏格兰的一个国王带领臣民数次抵抗英国的入侵，却接连遭受失败。在第六次失败之后，他颓然躺在农家的草棚中，完全失去了战斗的信心。正当他万念俱灰的时候，突然看到墙角有个蜘蛛正在织网。它不停地把把丝从这头拉到那头，连续六次，每次都以失败告终。但是它毫不气馁，继续努力，终于在第七次的时候成功了。为此，这个国王深受启发，暗暗想道："我也要再试一次！我一定能够成功，胜利必将属于我们！"就这样，国王鼓起勇气，再次率领臣民英勇反抗。最终，他成功赶走了侵略者，让人民过上了安居乐业的生活。从蜘蛛身上，我们不难发现，只有毫不气馁持续努力，才有可能获得成功。从国王身上，我们更能得到深刻的启示——唯有

坚定不移地相信自己，我们才能满怀希望，鼓起勇气，发掘出自身的潜能，获得梦寐以求的成功。这也是大家都知道的，明确的目标会使人找到方向，坚定的信念会使人勇往直前。这一切，恰恰是成功必不可少的条件。

很小的时候，波尔就想成为一名物理学家。不过，他没有聪慧的头脑，反应也不够机智，对于同样的问题，别人也许很快就记住了，他却花费了很长时间也无法彻底搞清楚，想要记住更是非常艰难。有一次，有个科学家向大家介绍量子论的新观点，所有在场的人里，除了波尔，大家全部只听了一遍就完全懂了。因为波尔没听懂，所以科学家不得不为了波尔又详细讲了一遍。尽管学习的过程如此艰难，波尔却从未降低对自己的期待。他始终都在坚持不懈地激励自己，坚信自己一定能够成为优秀的物理学家。

波尔当然知道自己的缺点，也知道自己反应很慢，因而他一直坚持笨鸟先飞，总是比别人付出更多的努力。一次不能理解，他就多思考几次，多询问几次，直到自己彻底明白为止。有的时候，即便别人为此感到厌烦，他也绝不会不懂装懂，而是继续锲而不舍地请教、询问。就这样，波尔最终成为了一名“愚蠢”的科学家。在强烈的自我期待和自我激励之下，他于1942年获得了诺贝尔奖，赢得了世人的尊重和认可。

从波尔身上，我们可以感受到自我期待和自我激励的强大力量。作为一个天资愚笨的科学家，波尔在科学研究的道路上付出了百倍的努力，也饱尝艰辛。正因为他的锲而不舍，正因为他的永不放弃，他才能获得举世瞩目的成就，成为真正伟大的科学家。

在每个人的一生之中，自我激励都是非常宝贵的财富。它是激励人不断进取的内驱力，为人的进步提供源源不竭的动力。当一个人能够真正做到自我激励时，他的人生也就拥有了翅膀，能够展翅翱翔。海伦曾说，当你拥有自我激励的力量时，你应该飞翔，而不要爬行。朋友们，如果你们还没有自我激励的力量，为何不马上改变自己的心态，让自己的人生从此变得与众不同呢？从现在开始，行动起来吧！

积极的自我暗示，拥有超乎想象的力量

自我激励能够帮助我们的人生展翅翱翔，那么，自我激励的方式有哪些呢？其实，自我激励可以通过很多方式进行，诸如有些销售行业每天清晨会组织员工开晨会，在晨会上让员工们喊道："我很棒，我很棒，我是最棒的！"尽管这样的方式涉嫌搞形式主义，但其实形式有的时候也是具有显著效果的。除了把对自己的认可喊出来之外，我们也可以采取自我暗示的方式进行自我激励。积极的自我暗示拥有超乎寻常的力量，甚至能够彻底改变我们的人生。

现实生活中，女性相比较男性是更容易情绪化的，而且情绪很善变。也因此，女性朋友更容易受到自我暗示的影响，从而调整自己的心态，让自己的态度也发生翻天覆地的变化。通常情况下，自我暗示通过感官对我们进行刺激，从而作用于人的思想意识和潜意识。因而，高情商的女孩很善于进行积极的自我暗示，也因此得到源源不竭的人生动力。也许有人觉得自我暗示仅仅影响人们的心理意识，其实不然，心若改变，世界也随之改变，当我们的心理意识在自我暗示下发生改变时，我们整个人的言行举止都会随之改变。

自我暗示不但影响人们的意志和情绪，也影响人们的心理和行为，最终改变人的命运。现实生活中，人们长久积压下来的消极想法和意识，往往很难消除，只有积极的自我暗示才能替换掉它们，从而影响人生。从这个角度来说，我们每天都应该对自己进行积极的自我暗示，这样才能清除心灵的垃圾，让自己充满生机和活力，在人生路上勇往直前。

进行积极的自我暗示，有很多方法可循，诸如可以与自己对话。很多运

动员选手在参加比赛之前，都会口中念念有词，看似是在念不知名的咒语，实际上却是在激励自己，暗示自己。再如，还可以在心中以意念的力量把自己带到成功的情境之中，感受成功的喜悦和召唤。当然，当切身经历无数次失败之后，我们心中难免会产生沮丧消极的情绪，在这种情况下，不如告诉自己失败是成功的阶梯，而且很有可能再尝试一次就能获得成功。如此一来，失败也就不再显得那么面目可憎了。尤其需要注意的是，就像父母不能给孩子贴标签误导孩子一样，任何时候我们也不能轻易给自己贴标签，否则就会陷入一蹶不振的窘境。总而言之，进行积极自我暗示的方式有很多，只要是能够对我们起到积极、正向引导作用的自我暗示，都是卓有成效、事半功倍、值得提倡的。每个人都应该根据自身情况，寻找到最适合自己的自我暗示方法，这样才能如愿以偿改变命运和人生。

在学校举行的运动会上，作为上一届长跑王的小鱼，如今面对的强劲对手是大一新生中的后起之秀——王刚。原来，王刚在高中时期就曾经参加过马拉松比赛，耐力很强，动力也很足。作为上一届的长跑王，小鱼当然想在本届比赛中继续获得冠军，因而他压力倍增。在运动会即将举行的前半个月里，他每天都抽出大量时间锻炼自己的耐力，但是心中却越来越没底，不停地念叨着："我要是输了怎么办？"如此一来，他越来越不自信，整个人都快神经了一般。

好朋友看到小鱼紧张的样子，说："从今天开始，不要再问自己输掉了怎么办，而是每天都在心中默念一百遍'我一定能赢'。""这有用吗？"小鱼疑惑地看着好朋友，好朋友毋庸置疑地说："只要你这么做了，你一定能成功。"小鱼尽管半信半疑，但是死马当作活马医，他还是照做了。随着时间的推移，他惊喜地发现自己看到的不再是质疑，而是必胜的信念。他暗暗想道：我是去年的长跑王，不但有经验，而且心理素质也很好。一个新生，未必能够成为我真正的对手，只要我戒骄戒躁，认真对待比赛，他还得屈居于我之后呢!

到了真正比赛的时候，小鱼果然胸有成竹，气定神闲，在比赛过程中始终遥遥领先，最终战胜了王刚，再次获得了冠军。

在这个事例中，小鱼如果继续紧张下去，一定会失去信心，最终输掉比赛。幸好好朋友及时点拨他，让他以积极的自我暗示代替原本消极的自我暗示，最终赢得了比赛。人生之中，每个人都会面对各种各样的挑战，在这种情况下，与其紧张忐忑，不如平静心态，从容以对。其实，所谓的胜负输赢并没有那么重要，重要的是我们从经历中汲取经验和教训，从而赢得更多的人生机遇和希望。

女性朋友们，即使你们本身非常自卑，缺乏自信，只要你们每天坚持进行积极的自我暗示，一定能够提升自己的信心。在通往成功与幸福的道路上，没有任何人能够一帆风顺。不管遭遇怎样的坎坷和逆境，只要我们心中燃烧着希望的火，并且进行积极的自我暗示，调动自己的潜意识，就一定能够帮助“自我”，如愿以偿地到达人生的彼岸。

坚定不移地朝着梦想和目标努力

每个女孩都追求幸福，也渴望得到成功，然而，真正能够实现成功与幸福人生的女人并不在多数。究其原因，因为幸福和成功都是聚沙成塔、滴水成河才形成的，绝非一朝一夕之间。而在漫长的人生之中，我们难免遇到坎坷挫折，也常常轻易放弃。很多时候我们与成功失之交臂，并非因为我们不够优秀和努力，只是因为我们不够坚持。因而，高情商的女孩之所以能够在人生之中如鱼得水，就是因为她们足够坚持，有梦想，有理想，有目标，所以才能在日

复一日的付出中始终坚持不懈，绝不放弃。

每个人在人生之路上行走，就像船只在大海上航行。海面时而风平浪静，时而狂风暴雨，唯有认准目标，掌好船舵，才能驶向彼岸。否则，一旦迷失在茫茫大海上，一切都会成为镜中花、水中月，再也没有圆满的可能。尤其是女性朋友，为了与男性平分秋色，为了寻找到属于自己的幸福和圆满，更应该不离不弃地坚守梦想，如此才能到达幸福的巅峰。

1984年，马拉松邀请赛在日本举行。在这次比赛中，始终默默无闻的日本选手山田本一获得了冠军，使所有人都感到惊讶万分。当初，记者采访他："你是如何获得冠军的？"山田本一淡淡地说："凭借智慧。"记者以为他在故弄玄虚，便没有继续追问。毕竟，山田本一此前毫无名气，而且身材矮小，而马拉松要靠足够好的体力和耐力才能取胜，如何与智慧勉强扯上关系呢？所以，大家都把山田本一的夺冠看成偶然。

两年之后，国际马拉松邀请赛在意大利举行，山田本一在比赛中居然再次夺得冠军。这次，记者又来采访他夺冠的经验，他依然淡然地说："凭借智慧战胜对手。"这句话使记者摸不着头脑，到底山田本一是如何凭借智慧两次战胜对手的呢？直到十年后，从山田本一的自传中，人们才了解了真相。原来，每次比赛前，山田本一都会提前乘车熟悉比赛路线，并且标记沿途比较醒目的标志。诸如，他会把出发之后遇到的银行作为第一个目标，把随后遇到的一棵大树作为第二个目标，把一座红色的房子作为第三个目标，如此标记下来，直到到达终点。这样，他在参加比赛的时候先是奋力冲向第一个目标，再努力奔向第二个目标，渐渐地，长达四十多公里的赛程被他在逐个征服目标的过程中跑完了，他也就轻轻松松地获得了冠军。在此之前，他不知道其中的道理，把四十多公里之外的终点当成目标，总是行程过半就感到疲惫不堪，也把自己吓得无法夺冠。

山田本一最初把终点当成目标，因为终点太过遥远，因而显得模糊，也给予自己巨大的压力，反而无法夺冠。后来，当他把漫长的赛程划分为一个个小目标，由此目标明确地奔向前方时，他也就能够竭尽全力地征服这一个个目标，最终把小的成功汇聚成大的成功，实现了自己的理想。这就是目标对于人们重要的激励和鞭策作用。

在人生漫长的旅程中，也有很多朋友把目标定得过于高远，以致脱离实际。实际上，我们既可以为自己制定长期目标，也可以为自己制定中期和短期目标，这样才能让目标不断激励自己，奋勇向前。尤其是当目标与现实生活密切相连且只要稍微努力一下就能实现时，我们必然更加努力奋进，因为胜利正在前方向我们招手呢！当然，没有任何目标能够轻而易举地实现，我们在实现目标的过程中不管遇到什么困难，都要坚持不懈，勇往直前。这才是高情商幸福女孩的成功之道。

突破自我，才能超越心中的囚牢

曾经，有个心理学家进行了一项著名的实验。他拿出一个透明的玻璃罐，把跳蚤放在其中，跳蚤轻而易举地跳出了玻璃罐子。随后，心理学家再把跳蚤放进玻璃罐中，并且用玻璃盖盖好罐子，这样跳蚤虽然不停地跳跃，却因为每次都碰到罐子顶部的盖子，导致失败。如此几天之后，心理学家把玻璃罐的透明盖子取下来，但是跳蚤每次依然只能跳到罐子口部的位置，再也无法成功摆脱罐子的禁锢。难道是跳蚤的跳跃能力减弱了吗？其实不然。只是在一次次跳跃碰到玻璃罐的盖子之后，跳蚤渐渐变得麻木，因而习惯了这样的跳跃高度。这样一来，即便玻璃罐没有盖子了，它也无法跳出玻璃罐。可以说，已经消失的玻璃罐盖子深深地镌刻在跳蚤的意识中，也在跳蚤的心中建造了囚牢。后

来，心理学家把这种因为负面的自我认定导致自身欲望和潜能被扼杀的现象，称之为“自我限定”。

毋庸置疑，自我限定是很可悲的，因为个体本身其实是具备更高能力和潜能的，却因为意识上的局限，以致受到禁锢。当然，这种现象并非仅仅存在于跳蚤身上，在现实生活中，很多人都因为自我限定，以致发展受到阻碍，也导致人生无法得到成功和幸福。尤其是很多女性朋友，总是在心里设定自己的最大能力，因而不但无法积极主动地追求幸福生活和事业上的成功，也使得自己的人生发展受到极大阻碍。最可怕的是，她们的禁锢并非来自于外界，而是来自于她们的内心。她们总是不停地暗示自己：我做不到，我没有能力，我不可能获得成功。长此以往，这种观念在她们心中根深蒂固，也使得她们丝毫没有意识到这种禁锢的存在。因而，我们必须有意识地打破囚牢和禁锢，才能更加深入地释放自我的能量，获得成功的人生。

自从小时候被水呛过一次之后，艾米再也不敢亲近水了。眼下，她已经成为一名初中生，却依然对水心有余悸。这个暑假，同学们都相约去水上乐园玩耍，艾米也去了。不过，她始终只敢坐在水池边上，看着同学们玩水上滑梯、水上跷跷板等，无论如何也不敢离开坚实的岸边。

露西来到艾米的身边，鼓励艾米：“来吧，那里的水很浅，只到小腿，没有任何危险。你只要勇敢地迈出第一步，就会发现水很好玩，没有那么可怕。”在露西的再三鼓励下，艾米终于鼓起勇气来到浅水区。她看着波光粼粼的水，有些头晕目眩，露西又鼓励她：“你可以的，这点儿水根本不会使人感到头晕，你要告诉自己‘我不害怕’，你会感觉好起来的。”果然，在进行积极的自我暗示之后，艾米觉得好多了。整个下午，她都和露西一起在浅水区玩耍。等到几天之后再次来到水上乐园时，艾米居然在露西的牵引下来到了一米多深的水里，水俨然已浸润到她的胸口，但是她不觉得那么恐怖了。这个暑假，艾米最大的收获就是学会了游泳。这下子，她再也不害怕水了。

对于艾米而言，她并不是真的恐惧水，而是害怕小时候被呛水的可怕经历。当她发自内心地接受水，不再限定自己的行动自由后，她就渐渐能够亲近水，最终甚至学会了游泳。从艾米的经历上，我们不难看出大多数恐惧都源自于我们的内心，只要我们的内心足够强大，我们就能够坦然面对一切。

女性朋友们，在日常生活中你们是否也有深感恐惧的东西呢？不如从现在开始打开心扉，真正接纳这些曾经带给你不愉快经历的东西吧。只要你的心足够勇敢，你就不会被这些来自心底的恐惧打倒。只要你勇敢地迈出了第一步，你会发现一切都不像想象中那么可怕。从现在开始，不要再“自我设限”，你远比你想象的勇敢，你的力量也超乎你想象的那般强大。只有打破心中的囚牢，你才能真正抓住人生，把人生变成自己梦寐以求的自由乐园。记住，你永远是自己命运的主宰！

自信的人，才能获得成功的青睐

人人都知道自信对于成功的意义，然而自信并非是简单的口号，必须综合自身的实际情况进行自我鼓励、自我强化，才能真正发挥实际的效用。没有自信的人，在生活中必然觉得索然无味，他们既没有信念面对现在，也没有能力创造未来。最终，他们的人生会变得疲软无力，成功自然不会青睐于他们。

曾经有位名人说，假如没有自信，就会失去一切信心，人生也会随之瘫痪。从这句话我们不难看出，自信是多么重要啊！遗憾的是，现实生活中有很多人都缺乏自信，尤其是很多意志力不够坚强的女人，往往在事情还没有开始之前，就已经否定了自己。也为此，她们不再有任何行动，把一切美好的梦想和伟大的理想，都变成了真正的空想。实际上，我们很多情况下之所以无法获

得成功，并非因为我们不够优秀，也不是因为我们缺乏决断力和行动的魄力，只是因为我们缺乏自信，导致凡事半途而废。从另一个角度看，那些成功的女人之所以风生水起，是因为她们坚信自己能够成功，并且愿意为此付出不懈的努力。归根结底，她们相信自己是佼佼者，是真正优秀的人，也足以应付人生中出现的各种情况。所以我们说，只有自信的人，才能获得成功的青睐。

自信，是每个人心中那头沉睡的雄狮，一旦被唤醒，必然爆发出巨大的力量，也能创造出成功的奇迹。法国诺贝尔奖获得者萨特说，一个人相信自己能够成为什么样的人，他就将成为什么样的人。的确，自信能够点石成金，使原本资质平庸的我们焕发出无穷的光彩。

十八世纪末，整个欧洲都盛行航海探险的风潮。为此，很多人义无反顾地驶入大西洋探险，最终全都失去宝贵的生命，无人生还。当时，人们普遍认为没有人能够横渡大西洋。此时，精神病学的权威人物林曼德却宣布要孤身一人横渡大西洋。原来，他在长期的医学研究中发现，很多人之所以身患精神病，就是因为他们无法承受外界的巨大压力，最终才导致精神癫狂。因此，林曼德独自驾驶船只，驶入了大西洋。在长达十几天的航行中，林曼德饱受折磨，不但身心俱疲，而且因为严重缺乏睡眠，也导致身体和精神都处于幻灭状态。渐渐地，他觉得生不如死，甚至产生了轻生的念头。但是他很清楚地记得自己的目的，因而无论客观条件多么恶劣，他始终拥有顽强的意志。有的时候遭遇狂风暴雨，他还会厉声斥责自己："懦夫，难道你想放弃吗？难道你想葬身大海吗？你必须成功，你一定能成功！"正是凭着这几句铿锵有力的话，他始终与船融为一体，在漫无边际的大海上与风浪进行殊死搏斗。正当大家都以为林曼德一定葬身大海时，他却创造了奇迹，成为了从大西洋中生还的第一个人。

从林曼德身上，我们可以得知一个道理，即大多数人的失败并非因为客观条件的恶劣，也并非因为身体的承受能力达到极限，更多的是因为人们精神世界的崩塌和内心的绝望、崩溃。因此，我们完全可以确定一个事实：只要我们充满自信，满怀希望，在苦难面前绝不低头和放弃，我们就一定能够创造生命的奇迹。

如果说人生是战场，自信就是迎风猎猎飘扬的战旗；如果说人生是海洋，自信就是远处那盏永不熄灭的灯塔；如果说人生是寒冬，自信就是顶风傲雪的腊梅……任何时候，我们唯有保持自信的状态，才能成为打不死的小强，无论生存环境多么恶劣，都只能为我们的成功奠定坚实的基础。一个高情商的幸福女人，也许未必拥有花不完的金钱，也未必拥有让人羡慕的丰厚物质基础，但是，她一定拥有自信。自信，给予女人最美丽的妆容，给予女人最强大的武器，也给予女人最坚强的资本。拥有自信的女人，才是这个世界上最富有最美丽的女人。

第06章

大智慧总是在坎坷中表现
——提高逆境情商，应对人生挫折

命运对于女孩并没有给予特殊的偏爱，生活也常常使女孩身处逆境，不停地面对各种各样的坎坷挫折和重重困难。假如在困难面前退缩了，女人无疑就失去了对于生命的主导权。真正高情商的女孩会把苦难的岁月当成一首歌，勇敢地面对、演奏和引吭高歌。尽管她们看起来柔弱，却能够把一切困难都踩在脚下，从而使自己更上一层楼。对酒当歌的女人自有泰山崩于顶而色不变的独特气质，因而她们过得更坦然从容，也能尽情展现自己的精彩。否则，如果被命运裹挟着向前走，她们最终会失去对命运的把握，也会无可避免地变成人生的丧家犬。这是高情商的女孩永远也不能心甘情愿接受的！

人生不如意十之八九

常言道，人生不如意十之八九，这句话不仅仅针对在成功路上打拼的男性朋友。现代社会，女性朋友不管是在家庭生活中还是在职场上都与男性平分秋色，因而生活的不如意也残酷地摆在了女性朋友面前。实际上，挫折并不像我们想象中那么可怕，只要我们提高自身的情商，做到胜不骄败不馁，能够积极面对人生中的一切坎坷和挫折，就能突破自我，爆发出强大的力量，战胜人生中的一切苦难。

当你行走在熙熙攘攘的人群中时，可曾想过每一个经过你身边的人，并非是完全如意的。他们看起来或者光鲜亮丽，或者衣衫褴褛，或者眉飞色舞，或者垂头丧气，但是在内心深处，他们都有各自的不为人知的烦恼。生活就是如此，无论我们采取怎样的姿态，都不可能完全顺遂地度过一生。除了坎坷挫折之外，我们还必须打起精神来面对不期而至的灾难，甚至是致命的打击。

然而，尽管挫折给人们带来痛苦，它也是人生的试金石。所谓宝剑锋从磨砺出，梅花香自苦寒来。假如我们自始至终只品尝到生活的甜，那么也就无所谓甜。正如丑才能衬托美，生活的甜蜜也需要在苦难的衬托下才更加打动人心，使人珍惜。现实生活中，有很多女性朋友都抱怨命运的残酷，抱怨自己没有得到上天公正的对待。实际上，命运对每个人都是一视同仁的，并不会特别折磨谁，也不会特别偏爱谁，只能说一切都是最好的安排。诸如海伦，她在出

生之后刚十九个月大的时候就因为突如其来的一场疾病失去听力和视力，人生从此陷入黑暗无声的世界里。后来在莎莉文老师的帮助下，海伦最终走进学校，完成了大学学业，从此之后成为一名作家，还为更多的残疾人四处奔走。她所创作的《假如给我三天光明》等作品，给全世界的人带来了鼓舞和力量。

从海伦的人生经历上，我们不难看出，每个人都会遭受挫折，有些挫折看起来是致命的，但是只要我们不屈服，也许反而能够让生命在压力之下释放出璀璨的光芒。就像海伦，如果她始终是个健康的孩子，拥有视力和听觉，那么也许她的一生会很普通，也会非常顺遂如意，但绝不会这样璀璨耀眼。疾病改变了她的人生，使她跌入人生低谷，她的坚强面对又使这种磨难变成了人生的历练，最终让她闻名世界，为无数人做出了优秀的榜样。

中国女子体操队的队员桑兰，也因为训练中发生意外事故，从花季少女的跳马王，变成了高位截瘫的残疾人。面对人生中突如其来的致命打击，她没有沉沦，而是努力生活，如今已经成为一个幸福的妈妈，拥有幸福的三口之家。桑兰用自己的表现向全世界证明，她是一个有理想有信念也能够战胜一切磨难的伟大女性。女性朋友们，和桑兰、海伦相比，你们还觉得自己人生很悲催吗？也许你们承受着更大的苦难，也许你们只是因为对生活不满意才怨声载道。无论出于何种原因，从现在开始，努力成就自己的人生吧。要相信，命运掌握在你自己手中，任何时候，你都是自己人生的主宰！

女人，你的名字不是弱者

一直以来，女性都以温柔贤淑、敏感柔弱的形象示人，因而大多数人对于女性难免存在偏见，觉得女性就是软弱的代名词；即便是在男女平等的今天，女性也依然时常遭到歧视。无可否认，女性从生理角度来讲的确与男性有一定差距，但是从心理的角度而言，女性比起刚强的男性，显然更有韧性，也更顽强。这就是在生活中的很多灾难面前，看似坚强勇敢的男性很容易崩溃，但是看似柔弱无助的女性却能始终保持进取和顽强不屈的原因。

每个人都知道水是无形，无色的，也没有任何强度可言。然而，水却是世界上最强大的物体，它柔软无骨，哪怕只是一个小小的缝隙和孔洞，它也能够钻入，渗透进去。它可以变换成各种形态，遇冷成为水，遇热成为气体，遇到极寒的低温则变成坚硬的冰。由此一来，它的力量更加强大，也足以在任何情况下生存。女人就是水，虽然看起来不像男人一样如同钢铁般坚硬，但是她能够随时改变自己以适应瞬息万变的情况，也能够在千疮百孔之后依然鼓起勇气，重新开始。因而，当我们赞美男人意志如钢时，不要忘记赞美女人柔弱无骨，顺势而为；当我们赞美男人力大如牛时，也不要忘记赞美女人能够四两拨千斤，绝不轻易妥协；当我们赞美男人总是拥有高瞻远瞩时，也不要忘记赞美女人可怕的直觉总是那么敏锐；当我们赞美男人有胆识有魄力时，也不要忘记赞美女人总是能够鼓起勇气，面对一切的艰难坎坷。

女人的名字不是弱者，女人看似柔弱，实际上柔软的身体里蕴含着巨大的能量。正如梁静茹在一首歌里所唱的那样，我们都需要勇气，来面对流言蜚语……我们要说，我们都需要勇气，来面对人生的变幻无常和无数的惊喜、惊吓。人生就像是一次没有回程的旅途，任何时候，我们一旦迈出脚步，就再也没有回头路可走。女人很清楚这一点，因而她们落棋无悔，坦然面对人生的一切。

作为“超人”的妻子，达娜曾经是好莱坞的女演员，不但演技绝佳，还具有语言的天赋，有着天籁般的歌喉。有的时候，她还主持节目呢！然而，在刚刚步入婚姻的三年时，因为“超人”的意外受伤，达娜原本幸福快乐的

婚姻生活彻底结束了。因为对人生感到无望，“超人”曾经想要拔掉呼吸机，是达娜帮助他鼓起活着的勇气。达娜说：“我理解你生不如死的感觉，但是我依然爱你，我始终牢记我们的婚礼誓词。如今，考验我们的时刻到了，我愿意为了你承担一切，你是否愿意为了我继续活下去呢？这是我们爱的誓言。”

为了全心全意照顾“超人”，达娜辞掉工作。她每天不但要照顾“超人”的饮食起居，还要照顾“超人”和前女友所生的一对儿女，同时照顾他们的不到两岁的儿子。可想而知，达娜面临着多么巨大的压力。在艰难的跋涉之中，他们一起走过了十几年，如今他们成立的瘫痪基金会募集到了大量资金，专门用于对瘫痪病人的医疗研究和救助。对此，达娜感慨万千地说：“在灾难面前，一个家庭有可能破裂，也有可能变得更加精诚团结。我很自豪，灾难使我们全家紧密团结在一起，也使我们全都变得坚强。作为夫妻，我们虽然无法拥抱，但是我们永远心灵相依，亲密无间。”对于达娜的表现，“超人”更是激动万分。他说：“我曾经误以为所谓的英雄就是有力量挑战不可能完成的任务，但是如今我的想法改变了。英雄，就是在处于人生逆境时依然满怀希望，充满勇气，决不放弃。很幸运，我的妻子是我们全家的英雄。”

生活中，有些人会说夫妻本是同林鸟，大难来临各自飞。然而，达娜对于爱情的忠贞和对于家庭的责任告诉我们，夫妻是在天愿为比翼鸟，在地愿为连理枝。真正心意相通、彼此深爱的夫妻，不会因为生活遭遇变故就相互离弃，而是能够在人生中最艰难的时候，执子之手，不离不弃。

在一生之中，女人不能失去勇气。面对生活需要勇气，在社会上打拼同样需要勇气。尤其是当生活遭受挫折和变故时，女人很可能会成为家庭之中的顶梁柱和精神支柱，因而女人的勇气不但能够拯救自己，也能够拯救家人，稳定社会生活。人生是如此美丽，女人的勇气则是漫漫人生路上最绚烂的风景！

人生就要一鼓作气，勇往直前

人生在世，既有顺境，也有逆境。在顺境之中，每个人都能够做到春风得意马蹄疾；在逆境之中，大多数人都会感受到沮丧绝望的情绪，如果不能及时调整心态，也许会就此沉沦下去。

其实，人生就像一场马拉松，开弓没有回头箭。一旦发令枪响起，我们就只能勇敢往前冲，任何的犹豫不决和止步不前都会让我们陷入失败的境地。我们绝对不能回头，因为人生是没有回头路可走的。一个真正的成功者，未必具有特殊的天赋，也未必多么优秀，很多时候他们之所以能够成功，就是因为他们不管处于人生的何种境遇，都始终坚持一鼓作气，勇往直前。

古人云，一鼓作气，再而衰，三而竭。这句话的意思是，当在战场上的时候，战鼓是决定胜败的灵魂。那么在人生之中，虽然没有东风吹，战鼓擂，但是也同样需要我们一鼓作气，避免再而衰，三而竭。当人生的号角被吹响时，我们只能坚定不移地朝前奔去，绝不能瞻前顾后，迟疑不定。有的时候，人生也像是一颗种子，必须努力朝着阳光、空气和水使出自己全部的力量，才能冲破厚厚的壳，也冲出泥土，开启新生命的征途。也曾有人亲眼目睹过蝴蝶化蛹成蝶的蜕变，其实女人又何尝不是一个茧呢？唯有冲破厚厚的茧，才能成为美丽的蝴蝶，享受绚烂多彩的生命……每个人的生命都绝不简单，它们那么独特，拥有自己的美丽和璀璨。

也许有些女性朋友会说，人生实在是太艰难了，让人无法坚持下去。要想让人生过得更加顺遂，我们就要改变心态，不与艰难的处境对抗，而应坦然接受人生的坎坷和挫折，把它们当成是人生的常态。由此一来，你会发现自己不再对抗的心，有了春风化雨，有了朝霞绚烂。从某种意义上来说，没有烈火的焚烧，就不可能凤凰涅槃。不管苦难以怎样的姿态呈现在我们的人生中，其实它们都是对于人生的历练。我们渴望成功的人生，渴望幸福的人生，最终都要从对苦难的救赎中获得。

作为一名下岗女工，刘婷几乎对人生失去了希望。要知道，她的丈夫也只是一名普通工人，原本他们夫妇俩的工资加起来，只能勉强养活家里的两个孩子和两个老人，日子总是过得捉襟见肘，如今突然失去了她的半边天，日子还怎么过下去呢？看着刘婷愁眉苦脸的样子，丈夫安慰她："别发愁了，车到山前必有路。看看有些人家境比咱们更困难，不也得过下去么！只要咱们用心找出路，想办法，总能改观的。"

在丈夫的启发下，刘婷不再颓废沮丧，而是开始绞尽脑汁地想办法。有一次她路过早市，看到有人在蒸馒头，而且生意火爆，不由得想起了自己的拿手绝活：豆瓣酱。原来，刘婷家是四川的，很擅长做各种泡菜、酱菜等，而刘婷做出的豆瓣酱，每年都得到亲戚朋友的一致好评。想到做到，刘婷马上去市场批发来大量黄豆，又买了一些酱缸，一个多月后，她的刘婷酱菜摊正式开业了。起初，刘婷因为没钱交摊位费，只能走街串巷、沿街叫卖。后来，随着生意越来越好，刘婷在市场里租下来一个小小的摊位，也扩大了经营范围，销售家乡的一些土特产。随着时间的流逝，刘婷酱菜的名气越来越大。然而，正当刘婷生意火爆时，因为有一缸酱菜变质，没有经过卫生防疫部门的检验，导致刘婷交了很大一笔罚款。

刘婷不由得觉得心灰意冷，然而，她痛定思痛，意识到这一切都是自己的问题。所以她鼓起勇气，再接再厉，为产品质量严格把关。果然，经过一段时间之后，刘婷的经营状况好转，生意又做起来了。后来，刘婷又陆续租了几个摊位，还开办了一个小型工厂，自产自销酱菜。后来，她更是在大学毕业儿子的帮助下，通过网络把自己的酱菜卖到了全国各地。如今的刘婷，俨然事业有成。

假如在下岗之后一蹶不振，潦倒度日，刘婷一定没有今天的成就。她丈夫的话说得很对，不管多么艰难，日子都要过下去。正如一位名人说的，既然哭着也是一天，笑着也是一天，我们为何不能笑着度过人生的每一天呢！既然哀愁也是一天，奋斗也是一天，我们当然要努力奋斗度过每一天，这样至少还有成功的机会。

女性的人生需要勇气，更需要一鼓作气、绝不回头的气魄。任何情况下，我们都必须百折不挠，命运越是残酷地和我们开玩笑，我们越是要成为顶风傲雪的梅花，绽放出浓郁的香气。在女性的勇气面前，在女性一往无前的气势面前，相信困难一定会悄然隐退，成为我们的手下败将。

学会放弃，和坚持一样必不可缺

人生之中，每个人都是贪婪的，可以说贪婪是人的本性。因而，我们总是想要的太多，想得到的太多，不懂得放弃。其实，对于人生而言，放弃和得到同样重要。懂得放弃的人是明智的，能够适时放弃的人才是人生中真正的强者。

常言道，鱼与熊掌不可兼得。人生路上，我们受到欲望的驱使，希望得到很多东西。然而，偏偏我们不能把全天下的好东西都揽到自己的怀里，更不可能占尽所有的好时机。每当这时，我们必然面临艰难的抉择。很多事情并非我

们心想就能事成的，很多东西我们得到了，未必就是幸福。尤其是当事情千变万化的时候，我们唯有顺应形势作出最理智的选择，才能让事情得到圆满的结果。诸如面对自己单相思的爱人，与其不顾一切地想要占有对方，不如洒脱地放弃，因为爱是无私的付出，不是自私的占有。再如，面对太多想要得到的东西，我们与其念念不忘，折磨自己，不如选择彻底放弃，反而能够让自己豁然开朗。

人生就像是一次攀登的过程，假如我们从山脚下就开始背负沉重，那么不等到达山顶，我们就会因为不堪重负而苦不堪言。曾经，有位年轻人问得道高僧，如何才能轻松快乐地生活。得道高僧告诉他："背起背篓去爬山，把你认为好的石头放进背篓中。"年轻人一路往山上攀爬，看到好看的奇异的石头就捡起来，扔进背篓里。等到了半山腰时，他就已经气喘吁吁了。他好不容易才到山顶，累得一屁股坐在地上。此时，高僧正在山顶等他，问："有什么感觉？"年轻人说："累！"高僧又说："从现在开始下山吧，每下一个台阶，就扔掉一块石头。"年轻人照做了，到了山下，他浑身轻松。高僧这才说："人生路上，不要背负太多，自然觉得轻松。"

大学毕业后，为了找到合适的工作，小敏又参加了一个计算机培训班和英语口语提升班。经过为期三个月的学习，她的英语口语能力和计算机水平都大幅提高。在找工作的过程中，小敏先是得到了一家公司的面试通知，也顺利获得了工作机会。正当她准备去报道时，突然又得到另一家公司的面试邀请，这家公司是世界五百强企业，也是小敏一直都很心仪的。偏偏第二家公司的面试时间和第一家公司的报道时间完全重合，小敏为难极了，犹豫不决，不知道自己应该直接去报道上班，还是去参加面试。如果直接报道上班，她怕错过第二家公司的好工作；如果去第二家公司面试，万一不能通过，她又害怕报道请假会导致失去工作。

看到小敏纠结的样子，妈妈拿出两个西瓜摆在小敏面前，说："你抱起一个西瓜。”小敏按照妈妈的指示抱起一个西瓜，然而，妈妈又说：“你再抱起一个西瓜。”小敏为难地看着妈妈，问：“西瓜这么大，我怎么可能同时抱住两个呢！”妈妈笑着说：“对啊，西瓜这么大，你根本没法同时抱起两个，你只能把第一个放下来，才能抱起第二个。”小敏恍然大悟。她选择去第二家公司面试，因为更高的起点能够给她更美好的未来，而且那也是她心仪已久的公司，是个千载难逢的好机会。

人生路上，我们总是想要得到所有想要的，而不想错过任何东西。殊不知，这是根本不可能的。就像小敏无法同时抱起两个西瓜一样，我们也不可能同时拥有一切自己想要的东西。我们唯有问清楚自己的内心，知道自己真正想要得到的是什么，才能作出合理的选择，适时放弃。有的时候，放弃比得到需要更多的智慧，也能够给予我们的人生带来意想不到的惊喜。

就像电脑里的回收站需要常常清空一样，我们也要及时清除自己的欲望，唯有如此，我们的心灵才能保持轻松，也才能以正常速度运转，不至于因为负担过重以致思维迟缓。高情商的女孩一定明白这个道理，所以她们面对取舍的时候，总是能够及时果断地作出选择，也能够摒弃那些不合理的欲望，让自己在人生路上轻装上阵。

人生中，学会遗忘才能快乐永驻

生活中，很多人都以自己记性好而自夸，的确，好记性不但有助于我们的学习和工作，也能够帮助我们记忆那些美好的事情，使我们的人生之中充满快乐的回忆。然而，若我们把好记性用错了地方，记住的都是那些让人感到遗憾和烦恼的事情，好记性还能给我们带来快乐幸福的感受吗？事实恰恰相反。如

果我们总是记住那些不让人愉快的事情，我们的好记性就会起到完全相反的作用，甚至使我们的人生陷入烦恼之中，无法自拔。

现代社会，生活节奏越来越快，工作压力越来越大，人际关系也越来越复杂，人们的生活不再简单，而是变得繁复无比。在这种情况下，女人也因为既要照顾家庭，又要兼顾工作而压力倍增，时刻处于紧张不安之中，烦恼也成倍增长。殊不知，郁闷的情绪对于女人的身体健康是极其不利的，不但导致女人情绪紧张，而且会使女人的身体也产生不好的变化。当然，女人也有很多方式可以排遣烦恼，但是，假如徒有好记性，非但没有记住快乐的回忆，反而总是纠结于那些烦恼的事情，那么女人最终会被烦恼缠身，也导致生活越来越不快乐。从这个角度而言，学会遗忘，才能快乐永驻。

一个人和朋友结伴去旅行，在海边行走时，朋友因为一件小事，与他之间爆发了激烈的争吵。因此，他在沙滩上写下："我与某某吵架了。"后来，他们继续结伴前行，在攀登高峰时，这个人险些因为突如其来的山风滚落山崖，幸好朋友及时抓住他，把他拽上来。事后，他拿出随身携带的小刀在岩石上刻下："今天，我险些丧命，是某某救了我。"朋友见状纳闷地问："你之前把字写在沙滩上，现在为什么要把字刻在石头上呢？"他笑着说："之前我们吵架，是不快乐的事情，我写在沙滩上，等到海水冲过来，字迹就会完全消失，我也会彻底忘记那件事。但是现在你救了我，如果没有你的救命之恩，也许现在我就没命了，所以我要把它刻在石头上，也牢牢记在自己的心里。"朋友听了感动不已。

在这个事例中，主人公不想记住不愉快的争吵，因而将其写在沙滩上。而为了牢牢记住朋友的救命之恩，他把这件事刻在石头上，也刻在自己的心里。事实的确如此，我们每个人心中所能记住的事情是有限的，若我们把更多的记忆力用于记住那些不快乐的事情，我们自然要减少对于幸福快乐的记忆，当回忆往昔时，陪伴我们的也只有烦恼。相反，如果我们尽量记住那些值得记住的事情，尽快遗忘那些不快乐的事情，便能清空心灵，让自己在人生路上更轻松，每当陷入回忆时，也都是美好与欢笑。

女性朋友们，你们是否也曾经因为自己的超强记忆力而沾沾自喜呢？从现在开始，学会有选择地遗忘和记忆吧，因为幸福人生不但开始于记忆，也开始于遗忘。尤其是当身处逆境时，我们唯有放下思想的包袱，才能让自己的内心阴霾散去，阳光明媚！

身处逆境，不如学会冷处理

很多人在面对生活中突如其来的逆境时，总会手足无措，歇斯底里。实际上，对于逆境，如果不是有特别急需解决的情况发生，我们完全可以采取转移注意力的方法，实现冷处理。之所以要冷处理，是因为人在愤怒冲动的情况下，智商往往降低，此时作出的选择也缺乏理智，根本无法圆满解决问题。倘若能够冷处理，给予自己一定的时间恢复理智，那么也许智商会渐渐恢复原有水平，我们对于问题的解决也会更加合理、圆满。

也许有些朋友会说，冷处理不就是逃避吗？当然不是。逃避是想要永远回避问题，而且不愿意通过努力找到解决问题的方法；但是冷处理只是暂时回避问题，等到情绪恢复平静，理智恢复正常，当事人马上就会积极想办法，尽量圆满解决问题。因而，冷处理是帮助我们给予情绪和智商一个恢复期，避免冲动行事导致更加恶劣的后果，与逃避问题在本质上是完全不同的。

现代社会的生活节奏越来越快，也使得人们每天都要面对各种各样的情况。尤其是女人，从家庭走出，来到工作岗位，变得更加忙碌。一旦遭遇逆境，就像是面对压死骆驼的最后一根稻草，很可能会崩溃。在这种情况下，与

其一味地陷入逆境无法自拔，不如转移自己的注意力，给自己时间缓和，从而恢复平静和理智。尤其是很多逆境并非一时之间就能逾越的，换言之，不管我们是努力还是回避，它都需要时间给出答案。在这种情况下，我们更要采取冷处理的方式。试想，假如你即使花费一个月的时间绞尽脑汁也无法解决问题，那么你还有必要在这一个月的时间里都为此浪费时间和精力，乃至扰乱自己的心情吗？与其自寻烦恼，不如等待时间解决问题，因为时间是治愈一切的良药。

也许还有人会说，即便我强制自己想些其他的，也未必有效果。事实并非如此。人的注意力是有限的，正如人们常说的一心不可二用。当你真正投入地做一件事情，必然要减弱对另外一件事情的关注，甚至彻底忽略另外一件事情。因而，我们唯一需要做的就是找出自己感兴趣的事情，全身心投入，如此冷处理也就水到渠成。

近来，陆羽和谈了三年恋爱的女朋友分手了，是女朋友提出来的。作为被抛弃的人，陆羽简直觉得无地自容，也对女朋友恨得咬牙切齿。他甚至想要报复女朋友，诸如泼硫酸、暴揍等方法，都一齐涌入他的脑海中。然而，幸好陆羽还有一丝残存的理智，知道这些方法不但会毁了女朋友，也会毁了他自己。为此，他决定采取冷处理的方法，把失恋带来的痛苦搁置一段时间。

他向单位请了年假，带上所有的积蓄，去了心仪已久的丽江。果然，丽江的阳光治愈了他内心的创伤，当他坐在丽江的客栈里嗅着花香晒太阳时，他突然觉得：生活是如此美好，我一定能够找到更适合我的爱人，开始我崭新的人生。十天过去了，皮肤黝黑的陆羽带着明媚的心情回来了。他继续努力生活，认真工作，因为他深信有更好、更合适的人在前面等着他呢！

冲动是魔鬼，假如陆羽在冲动的时候丝毫不控制自己的情绪，而是任由愤怒之火肆意燃烧，那么他终究会引火烧身，悔不当初。幸好，在承受失恋的痛苦时，他还有一定的理智存在，因而能够保持清醒，最终选择采取冷处理的方式解决问题。他的做法很正确，为期十天的丽江之行完全改变了他的想法，使他再次充满希望、内心明媚地回来了。

相比起男人，女人，尤其是女孩，是更加感情化的动物，很容易因为情绪上小小的波动就放任自己，乃至歇斯底里。在这种情况下，任何不理智的行为都会引来无穷的后患，与其为了图一时之快而放纵自己，不如适当转移注意力，这样至少能够让自己恢复平静和理智。只要我们把逆境像镜子上的灰尘一样轻轻拂去，我们的人生也必然更加顺遂如意。

人生多事猝不及防，坦然面对才能心境平和

生活就像一条奔腾不息的河流，将各种棱角分明的人，都通过日日夜夜的冲刷变得圆润。在生活的淬炼下，曾经的少年得志，曾经的春风得意，曾经的一切苦难和成就，都会渐渐淡去。归根结底，对于亘古不变的生命历程而言，一切都是沧海一粟。再伟大的成就，再难以忍受的磨难，终究会在时间的长河中悄然隐退。只有看透了生活的本质，我们才能心平气和地面对人生。

毋庸置疑，命运的确是很喜欢开玩笑的。它有的时候带给人们惊喜，有的时候带给人们惊吓，它就像是一个顽皮的小孩子，处理每个人的命运时完全不知道轻重。在命运如此的捉弄下，一个人如果意志力不够坚强，内心不够强大，很有可能就彻底放弃了。他对生活了无希望，活着只是懵懂度日。然而，真正的强者尽管也被命运玩弄于鼓掌之间，但是他们从不服输，总是勇敢地挺身而出，与残酷的命运对抗。他们不甘心接受命运的摆布，不遗余力地想要成为命运的主宰。最终，他们或者成功，或者成仁，无论结局如何，他们终究没有遗憾。

不可否认，每个人的人生都无法摆脱意外。我们谁也不知道命运下一刻的安排，这些意外或者是惊喜，或者是惊吓，总是导致我们不断地处于紧张之中。在古代战场上，人们常常采取以不变应万变的方式应对战争。的确，越是在瞬息万变的战场，这种战略战术越发显得高明。其实人生又何尝不是一场战争呢？而且是一场毫无征兆、瞬间逆转的战争。即便如此，高情商的女孩也能够找到最佳战略和对策，那就是以不变应万变。所谓人生之事多猝不及防，唯有坦然面对，才能兵来将挡，水来土掩。

作为乒乓皇后，张怡宁的职业生涯可谓坎坷挫折，意外频发。不过，张怡宁对此却很坦然，她说正是那些突如其来的逆境，让她获得成长，也使她变得成熟。

在第48届上海乒乓球赛上，张怡宁夺得了女单和女双两项冠军，然而她在返回北京参加训练时发生意外，导致右手受伤。为此，她无缘第十届全国运动会乒乓球预选赛，以致与全运会冠军失之交臂。这件事情使张怡宁深刻意识到，一名优秀的运动员，首先应该知道如何保护自己。

张怡宁深爱乒乓球运动，把艰苦的训练当成是乐趣，从小就一门心思想要获得世界冠军。正是这种执念，使她后来急于求成，有些焦躁。她只想一步登天拿到世界冠军，却从未想到世界冠军的养成并非一蹴而就。因为在吉隆坡世界乒乓球比赛中输给徐竞，她与悉尼奥运会绝缘，整个人都变得颓废起来。一直顺利的她很难承受如此沉重的打击，足足有两三个月都意志消沉。幸好在教练的帮助下，她最终端正心态，决定扎扎实实从头做起。

后来，张怡宁几起几落，心态始终不稳定，还因为在比赛中的消极表现，被禁赛三个月。在2002年和2003年年初，张怡宁的赛场表现都很好。然而，在2003年巴黎世乒赛上，她最终输给王楠，年底在香港又再次输球。由此一来，张怡宁再次对自己产生动摇，夺冠的信念也不那么坚定了。教练看到张怡宁的变化，总是耐心地鼓励她，帮助她重新树立信心。最终，张怡宁在雅典奥运会上战胜了自己的心态，成功圆了儿时的梦想。

对于一名运动员而言，心态在很大程度上决定了他的成败。假如心态不稳定，他就难免会因为浮躁，导致发挥失常。张怡宁的夺冠经历，给予了我们深刻的启示。幸好在教练等人的鼓励下，她最终戒骄戒躁，鼓起信心和勇气，坦然面对逆境，因而才能在雅典奥运会上夺冠。

人生之途也和赛场一样激烈，情势瞬息万变，一时的顺遂并不代表什么，因为意外随时都有可能发生，逆境也会不期而至。要想做到坦然面对人生，我们就必须摆正心态，以不变应万变，从而保持心境的平和，为成功奠定坚实的基础。

第07章

人脉是现代社会的最大资源——女孩的交际情商必不可少

现代社会，随着人脉资源被提升到越来越高的高度，更多的人开始注重人际关系。一个人要想获得幸福而又成功的人生，不但要努力，更要提升自己的情商，这样才能经营好人际关系，也使得自己的人生事半功倍。尤其是女孩，如果能够在成长的过程中注重提升自己的情商，拥有良好的人脉，必然会发展得更加顺遂如意。

说好一句话，助你成功打开他人心扉

常言道，会说说得人笑，不会说说得人跳。尽管这句话听起来有些夸张，但是其实很有道理。语言就是拥有这样独特的魅力，同样一句话由不同的人以不同的语气语调说出来，或者是同一个人把相同的内容用不同的方式表达，效果都会相差迥异，或者是截然不同。由此可见，把一句话说好看起来无关紧要，实际上却能起到至关重要的作用。

通常情况下，人与人之间的交流需要依靠语言。从这个角度来说，要想搞好人际关系，拥有良好人脉，学会沟通是必须的。情商低的女孩往往一说话就让人火冒三丈，或者是根本找不到合适的话题与人进行交流。诸如天气挺好、吃饭了吗、最近怎么样等话题，都是使人感到索然无味的，当我们从一个女孩嘴里听到这些无关痛痒的话题，基本可以判断对方是个情商很低的女人。与此相对的，高情商的女人则不会说这些无聊的话，而会从对方感兴趣的地方着手，或者赞美对方的发型、服饰，或者夸奖对方的妆容精致，在有了初步了解之后，还会针对对方的兴趣爱好展开交流，从而引起对方的谈兴，使得交流更加顺利。总而言之，情商高的女人说出去的话让人心里觉得很舒服，也能够赢得他人的好感，从而为自己良好的人际交往奠定基础。

作为一名化妆品推销员，琳达的销售业绩在公司里始终名列前茅。为此，大家全都很佩服琳达，也纳闷琳达究竟有何特别的地方，能够做得这么优秀。

后来，公司里来了一批实习生，琳达也成为师傅，带着一个刚刚大学毕业的小女孩。经过一段时间的观察，聪明的女徒弟发现了琳达最大的优点，原来琳达特别善于交流，总是能够在刚刚开口说话时，就把话说到顾客的心里去，让顾客心花怒放。

例如，这天上午柜台上来了一个中年女性顾客，琳达赶紧迎上前去，问："您好，女士，有什么可以帮您的吗？"顾客有些不太好意思地指了指自己的脸部，说："你看，这么多斑，有没有祛斑美白的呀？"琳达马上拿出两套美白祛斑的产品，开始向顾客介绍。交流中，当得知顾客已经52岁时，琳达惊讶地说："真看不出来，您居然52岁了，我还以为您也就四十来岁呢！您的皮肤非常细腻，也许是因为生理原因导致长斑的。如果能够把斑去掉，您看起来也就四十岁。您看看，您的身材这么好，很多年轻人都没有您这个好身材呢！"在琳达的一番话下，顾客眉开眼笑，很快就购买了两套祛斑产品，喜滋滋地走了。

琳达简单几句话，就把原本因为脸上长斑烦恼不已的客户逗笑了。心情好了，一切自然都好，琳达的推销工作也获得了水到渠成的成功。所以说，女孩子一定要学会与人沟通，更要学会把话说到他人心里去，也让他人感受到发自内心的愉悦。

人与人之间一切的难题，说白了就是沟通的问题。只要沟通得法、到位，很多使人困扰和纠结的问题，很快就能够得到圆满解决。女孩们，把话说好，说起来容易，做起来难。我们必须认真体察他人心理，也要讲究礼貌，更要学会打动人心，才能成为人际交往的高手。尤其是在与不同身份的人打交道时，更要根据对方的身份、年龄、脾气秉性等不同特点，有的放矢，如此才能事半功倍。

让他人心甘情愿接受你的建议

生活中，我们难免遇到与他人意见相左的时候，在这种情况下，倘若我们自认为是对的，就难免想要说服他人接受我们的意见和观点。这时，我们必须说服他人，并且要让他人心服口服、心甘情愿地接受我们的建议。其实，生活中这种情况是很常见的，尤其是在工作中，同事之间常常因为关于某些问题的分歧，导致彼此不能相容，假如因此伤了和气，难免得不偿失。真正高情商的女孩，一定会细致入微地考虑问题，从而找到最好的办法说服他人。

毋庸置疑，每个人都是这个世界上独特的存在，也因此每个人的意见、观点以及人生观、价值观、世界观等，都是不同的。更多的时候，人们愿意相信自己，并且自以为是正确的。殊不知，当每个人都觉得自己正确时，分歧也就随之产生。然而，大部人并不愿意被否定，更不想接受他人的纠正，在这种情况下我们必须尊重人的本性，避免伤害他人的自尊心和自信心。所谓唇枪舌战，指的就是人们以尖酸刻薄的语言彼此攻击，谁也不愿意妥协。生活中有很多纠纷都由此产生，真正高情商的女孩却不会这么做。她们也很清楚，如果采取迂回曲折的方式委婉表达自己的观点，就能够避免正面冲突，也能够打开他人的心扉，使其真正接受她们的观点。这才是彻底解决问题的好方法。

当然，很多成熟、成功的女性都深谙这个道理，她们待人处事也更加圆滑世故，因而很少犯类似的错误。但是对于女孩而言，则完全不同。女孩往往

因为缺乏人生经验，很容易意气用事，也难以控制自己激动的情绪，导致事情完全朝着相反的方向发展。因而，女孩更应该注重提高自己的语言表达能力，从而更加成功地引导他人接受自己的思想。实际上，大多数女孩都是非常可爱的，假如能够发挥自身的优势，帮助自己真正做到以柔克刚，相信一定会有喜出望外的结果。

一直以来，婷婷作为家中的独生女，已经养成了任性的毛病。直到大学毕业之后走上工作岗位，她才发现自己很容易得罪人。尤其是面对那些同事，她往往在无意之间说出一句话，就会让他们非常恼火，甚至对她满肚子意见。婷婷不知道这是怎么了，因而始终非常苦恼。有段时间，婷婷几乎遭到了整个办公室里所有同事的抵触，简直无法继续正常工作。为此，她特意去心理医生那里咨询，想要找出自己身上的问题所在。

经过和婷婷的一番交谈，心理医生问她："你下次什么时候有时间？"婷婷想了想，斩钉截铁地说："我只有周二有时间，我周二再过来。"听到婷婷的回答，心理医生笑了，说："我周二恰巧有个会议。"婷婷不由得皱起眉头，再次说道："我只有周二有时间。"这时，心理医生突然说："其实，这也是一个测试题。从你的回答里，我想我初步找到了你不受欢迎的原因。首先，你是病患，我是医生，虽然说医生要为病患服务，但是病患也应该尊重医生。在我问你下次什么时候有时间时，你仅仅从自身出发考虑问题；当我提起周二要参加会议时，你更是毫不妥协，坚持自己只有周二有时间。这样一来，你给人以咄咄逼人的感觉。要知道，你现在作为独立的个体，已经走上社会，社会上的人不会像爸爸妈妈一样对你言听计从，所以你做任何事情都要考虑他人的感受，尤其是在需要协商的时候，更要拿出真诚的态度。"婷婷有些疑惑："但是，我是在表达真实的自己啊！"心理医生笑着说："你当然要真实，不过你也可以采取其他方式。诸如，你可以说'我周二应该有空，不知道您是否方便'，这样一来，即便我周二有些事情可能会耽误，我也会尽量调整时间，不忍心拒绝你的请求。你觉得呢？”婷婷哑然失笑，说：“我平时真的就是这么说话的。但是我无法否认，你的表达方式更入耳。”

后来，婷婷有意识地改变自己的表达方式，最终就像变了一个人一样，得到了同事们的喜爱。

同样一件事情，也会有不同的表达方式。事例中的婷婷因为一直被父母娇生惯养，变得很任性，所以做任何事情都从自身出发，不懂得为他人考虑。幸好，她在发现自己具有某些问题之后，还能及时向心理医生求助，从而主动改变自己，成功融入同事们的团体之中。

现代职场，没有任何人能够成为单身英雄，不管什么事情都能仅凭借一己之力获得成功。尤其是女孩子，更应该提高自身的情商，与他人和谐融洽相处，这必然也将会给我们的生活和工作带来更多的便利。

毋庸置疑，每个人都有自尊心，我们在与他人交流的过程中，必须给予他人充分的尊重，这样才能让他人心甘情愿地接受我们的意见和建议，也使彼此的交往更顺利。虽然有些女孩喜欢以直截了当的方式与人交流，但是这也是要区分对象的。假如面对最好的闺蜜，当然可以毫不掩饰地想说什么就说什么；但是如果面对的是还不太熟悉的同事、上司，或者是其他人，我们最好还是三思而行，谨言慎行。

每个女孩，都需要一个值得信任的闺蜜

每个女孩不但需要有异性朋友，更需要有同性朋友。这样，当心里有话无人诉说的时候，当异性朋友忙于事业的时候，或者是有些话无法向异性朋友诉说的时候，我们就可以找到闺蜜尽情倾诉，而丝毫不用担心对方会不了解我们

的感受。从这个角度而言，每个女孩都需要一个值得信任的闺蜜，如此才能随时随地抒发心中的情绪。

现代社会，人们的生存压力越来越大，职场上的竞争也愈发激烈。作为女孩，我们也必然有更多的烦恼需要面对。这时，我们会发现有很多心事无法向父母诉说，也不可能告诉自己的男朋友或者爱人，唯一可以倾诉的只有同性的朋友，因为只有同性的朋友才更加了解我们的喜怒哀乐，也无须我们顾忌太多。当与闺蜜分享之后，我们的快乐变成双倍的；当与闺蜜分担之后，我们的痛苦得到排遣，大大减弱。古人云，人生得一知己足矣，我们要说，人生得一闺蜜是最大的幸运。

闺蜜在一起的日子是非常快乐的，她们在一起肆无忌惮地哭，在一起无所顾忌地笑。她们一起逛街，一起聊天，一起喝茶，还会说些无关紧要的八卦和生活中不值一提的琐碎小事。总而言之，她们心意相通，彼此毫无嫌隙，始终能够坦诚相待，没有秘密。可以说，闺蜜就是我们的镜子。曾经有人说，看一个人的底牌，看他的朋友。我们要说，看一个女孩的本质，看她的闺蜜。所谓物以类聚，人以群分，假如两个女孩能够不管在什么情况下都彼此依存，那么她们一定非常认可对方，也能够完全包容对方，甚至与对方有着无数的相似之处。

从本能的角度而言，女性都是喜欢群居的。她们天生害怕寂寞和孤独，总是希望身边有人陪伴。当两个志同道合、志趣相投的女人聚集到一起，她们不但很好地温暖了对方的心灵，彼此依存着取暖，也极大地满足了自己的需求。因而，心思细腻敏感、心有千千结的女孩，更需要闺蜜。尤其是当她们处于恋爱之中时，她们就更需要与闺蜜分享自己的喜怒哀乐，甚至分享男友的一切秘密。不得不说，闺蜜的力量是无比强大的。

在旭旭漫长的马拉松恋爱中，她最好的陪伴不是男朋友马云，而是闺蜜小凤。小凤和旭旭是高中同学和大学同学，毕业后又进入同一家公司，因而她俩简直比亲姐妹更亲，也拥有深厚的友谊。

从与马云展开马拉松式的恋爱之后，旭旭就把小凤当成是自己的灵魂伴侣，不管是与马云有什么开心的事，还是吵架了，她都会第一时间告诉小凤。有一次，饱受异地恋折磨的旭旭在和马云吵架之后，不由得歇斯底里，她向小凤哭诉："看看，这就是异地恋的悲哀。要是我们在同一个地方，至少他能抱着我，那样一切的不快都会烟消云散。但是现在，我们只能挂断电话，一个生气，一个流泪，不知道什么时候才能解开心中的疙瘩。"看到旭旭伤心欲绝的样子，小凤不由得说："宝贝，别哭了，你不是还有我呢嘛！你想想啊，其实异地恋也有异地恋的好处，至少你们能够更多地实现精神上的沟通，还可以给予彼此更多的时间相互了解。难道你也想进行方便面式的爱情吗？今天认识，明天结婚，说不定哪天又闪离了。况且，假如你们面对面吵架，说不定还会彼此动手，大打出手呢！"小凤的话让旭旭破涕为笑。

在漫长的恋爱过程中，小凤见证了旭旭和马云的喜怒哀乐。因而当旭旭被马云牵着手走入婚姻殿堂时，她情不自禁、泪流满面地说："我最感谢的人是小凤，人都说千里姻缘一线牵，是小凤这个尽心尽职的调解员，让我和马云不离不弃地走到今天。"旭旭的一席话说得小凤也不由得红了眼睛，旭旭把手捧花扔给小凤，喊道："亲爱的，我等着喝你的喜酒，你一定一定要幸福啊！"

让闺蜜当伴娘，牵手深爱的男人走入婚姻的殿堂，想想就是很幸福的事情。旭旭的恋爱，也因为有了小凤的陪伴，变得更加幸福圆满。假若有一天，旭旭再当伴娘，亲手见证小凤与所爱的人走进婚姻，那这简直就是人世间最幸福的事情了。

每一个女孩瑰丽的公主梦、绚烂的爱情梦，都离不开闺蜜的陪伴。天生就喜欢分享的她们，只有与闺蜜分享自己生活中的喜怒哀乐，才能感受到真正的幸福快乐。曾经有心理学家证实，女性之间的情谊对于女人的幸福感也起到很大的决定作用，有闺蜜陪伴的女性更容易感受到幸福。因此，女孩们，假如你

们迄今为止还没有一个能够掏心掏肺、绝对信任的闺蜜，就赶快去寻找吧。当你拥有了闺蜜，你也就拥有了人生至少一半的幸福！

幽默，帮助你巧妙应对冷场和尴尬

曾经有位名人说，幽默是最高形式的智慧。的确，在变幻莫测的人际关系中，我们常常情不自禁地陷入各种各样的烦恼之中，也因此导致我们非常尴尬。尤其是在人多的社交场合，假如突然冷场，在场的人都会觉得很难堪。在这种情况下，作为女孩，倘若能够运用智慧巧妙地为自己和别人解围，则一定能够成为社交场合的新星，赢得大多数人的欣赏和青睐。

幽默的方式有很多，需要注意的是，幽默并非是指开一些低俗的玩笑。幽默是沉着冷静，是从容智慧，是风趣诙谐，也是无形中的随机应变。在社会交际中，各种各样的情况随时都有可能发生，我们必须根据最新情况作出及时应对，才能消除尴尬，让冷却的场面再次恢复热度。

有一次，著名主持人杨澜应邀主持一次大型文艺晚会。当时，她还在《正大综艺》节目中担任主持人呢，因而几乎全国观众都认识她。不想，也许是因为不熟悉场地，也许是因为地面湿滑，她在走台阶的时候不小心摔倒，滚落到台阶下面。面对着台下众目睽睽的观众，杨澜心里当然也感到紧张不安，还很羞愧。然而她不愧是知名主持人，只见她马上身姿敏捷地站起来，沉着冷静地对着所有观众说："真是马失前蹄，人失足啊！我这个狮子滚绣球还不够熟练，看来要想下台阶也不容易呢！不过，接下来的节目一定不会让你们失望，就请大家都把目光聚焦到舞台上吧！"这番不卑不亢的话说完，观众们全都给予杨澜热烈的掌声。

很久以前，何润东参加《芙蓉镇》的杀青活动。当天，现场来了很多记者和媒体，气氛非常热烈，主要的提问都针对导演和几位主演进行。何润东刚刚耐心回答完一个记者的提问，突然有个记者站起来突兀地问道：“听说，有个知名网站最近进行了亚洲最丑明星的排名，吴莫愁名列第一，你名列第二。你知道这件事情吗？”此话一出口，现场马上陷入沉默，毫无疑问这位记者是在挑衅何润东，那么何润东会如何应对呢？正当在场的导演和演员们都在为何润东捏着一把汗时，只听何润东心平气和地说：“这个排名和我有关，我当然知道啦！不过我觉得很纳闷，好歹我的这张脸也跟了我这么多年了，我至少应该拿个亚洲第一的名次吧，这样才算对得起它呢！”何润东话音刚落，现场就响起了善意的掌声和欢呼声。

在第一个事例中，大名鼎鼎的主持人意外摔倒，猝不及防，因而包括观众在内都有些反应不过来。幸好，杨澜非常机智，她马上风趣地调侃自己，以幽默的语言成功地转移了观众朋友们的注意力，使他们把目光再次聚焦在舞台上。在第二个事例中，面对记者的公然挑衅，何润东丝毫没有恼火，而是表现出博大的胸怀和足够的智慧。他的自嘲非但没有贬低自己，反而让在场的人都见识到他的风趣幽默，机智大度。由此，何润东也树立了自己的正面形象。尤其是在现场所有导演和演员都倍感尴尬的情况下，何润东还成功打破冷场，使现场气氛再次恢复和谐友好和活跃，不得不说，何润东是一个很有智慧的演员。

生活中，每个人都难免遭遇尴尬，也会在社交场合遇到冷场的情况。在这种情况下，作为蕙质兰心的女孩，倘若你能够灵机一动，帮助自己解围，也使气氛恢复热烈，那么一定会成为众人瞩目的焦点，得到大家一致的认可和赞赏。需要注意的是，缓和气氛、消除尴尬的方式有很多，我们应该作为有心人，根据当时当事的情况随机应变，千万不要照搬套用，墨守成规，否则也许会导致事与愿违。

批评有技巧，忠言不逆耳

从小到大，我们每个人几乎都曾经挨过批评。小时候，被父母和老师批评；工作了，被上司和老板批评；成家了，被人生的另一半批评；有了孩子，甚至还会被孩子批评……总而言之，是批评伴随我们的人生，也是批评不断鞭策和激励我们进步。当然，我们也并非总是被批评，很多时候，我们也喜欢批评别人。然而，无论我们是作为批评者还是被批评者，都无法改变人不喜欢被批评的事实。

人非圣贤，孰能无过。每个人在生活中都难免因为有意或者无心，犯各种各样的错误。在这种情况下，批评是不可避免的。那么，如何批评别人，才能避免尴尬，也避免得罪他人，还能让他人心甘情愿地接受我们的意见和建议呢？其实，批评是有技巧的，我们必须掌握批评的艺术，才能做到忠言不逆耳。

有一天，著名的成功学大师卡耐基准备次日参加演讲，因而让秘书莫莉为他整理演讲稿。当时，莫莉还有一刻钟就要下班了，因而急急忙忙地就整理好稿件，然后将其放在卡耐基的办公桌上，就高高兴兴地下班了。

次日下午，莫莉正在看《纽约时报》，结束演讲的卡耐基拎着公文包，回到办公室。他笑眯眯地站在莫莉面前，莫莉关心地问："卡耐基先生，演讲一定很成功吧？"

"当然，前所未有的成功，掌声简直快要把屋顶掀翻了！"

"真的吗？太好了，祝贺你啊！"莫莉真诚地说。

看着这个心思单纯的女孩，卡耐基依然笑着说："莫莉，你知道吗，我今天演讲的题目原本是'怎样摆脱忧郁创造和谐'，但是，当我打开演讲稿开始读时，台下却哄然大笑。"

“你的演讲一定非常精彩。”

“是很精彩，因为我正在读的是一则帮助奶牛提高产奶量的新闻。”说完，卡耐基打开公文包，拿出那张报纸递给莫莉。

莫莉羞愧得满脸通红，小声说：“卡耐基先生，真的太对不起了。我昨天急着下班，粗心大意，才会导致你出丑。”

“不，不，我还要感谢你给我这个自由发挥的好机会呢！”

从此之后，莫莉对待工作认真负责，再也没有犯过类似的错误。对于卡耐基这样幽默风趣的老板，莫莉当然不想再给他惹麻烦了。

在这个事例中，卡耐基当着所有听众的面读出了关于奶牛产奶的新闻，当然会觉得非常尴尬。然而，他并没有斥责莫莉，而是以幽默风趣的方式，使莫莉认识到此事给他带来的诸多麻烦。莫莉呢，虽然犯了错误却没有被卡耐基声色俱厉地批评，因而她很感激卡耐基，从此之后彻底杜绝了粗心的坏毛病。

很多时候，我们喜欢声色俱厉地批评他人，殊不知，当我们歇斯底里的时候，并没有产生相应的批评效果。尽管卡耐基的批评方式看起来嬉皮笑脸，也不够严肃，却因为他给莫莉留足了面子，使得莫莉之后对待工作严肃认真，一丝不苟。除此之外，我们也可以采取赞美的方式来改变他人。很多老师正是借助于赞美，帮助学生树立信心，使其朝着老师所期望的方向发展和努力。正如刮胡须之前要涂抹肥皂水一样，委婉的方式才能使人际关系更加和谐融洽，同时也达到批评的目的和效果。所谓良药苦口，忠言逆耳。为了遮盖住黄连素的苦味，人们把黄连素裹上了糖衣，使得它不至于那么难以下咽。那么对于逆耳的忠言和刺耳的批评，我们也同样可以为其穿上美丽的外衣，让人们心理上不再抵触，从而能够欣然接受。

第08章

人情就是用来欠的，点点滴滴汇聚成海——高情商者人情秘笈

中国是一个讲究礼尚往来的社会，所谓礼尚往来，指的是人们基于礼节，做到有来有往，使彼此情谊更加深重。因此，也就有了欠人情和还人情的说法。现代社会是人情社会，错综复杂的人际关系，使得人们在人际交往的过程中成就了很多事情，也因为人情不到位导致很多事情中途夭折。因而，要想拥有成功的人生，我们就必须经营好自己的人际关系，处理好人情往来，这样才能为自己营造良好的人际环境，也使得人生之路更加顺遂。

多个朋友多条路，多个敌人多堵墙

所谓多个朋友多条路，多个敌人多堵墙，这句话形象生动地为我们揭示了人际关系在现实生活中的重要作用，也帮助我们指明了人生的道路。即要想在人生中如愿以偿地获得幸福、成功，我们就要学会经营人际关系，营造社交网络，这样我们在生活和工作中才能拥有更多的选择，也才能最终实现自我的快速成长。

尤其是现代社会，人际关系更是被提升到前所未有的高度，人脉资源也成为决定我们人生是否成功的至关重要的因素之一。作为现代女孩，我们一定要从小就认识到人际关系的重要性，积极主动地拓展和完善自己的人际关系网，从而在未来激烈的社会竞争中，得到朋友的守望相助，如此才能利用各种各样的人际关系为自己的人生提供更多的便利条件。

作为一家房地产公司的文员，初来乍到的刘敏总是叫错同事们的名字。一天早晨，办公室里的电话响个不停，刘敏不得不跑进跑出，喊相关的同事来接电话。然而也许是因为记忆混乱，她在忙乱之中居然把刘畅当成刘强找来了，又把雅丽当成亚楠喊来了。最终，整个办公室乱成一团，被叫错名字的同事都很不高兴，也因而对刘敏非常冷淡。

刘敏感到很委屈，毕竟自己只是个普通的人，又不是神仙，怎么可能只听一遍就记住所有人的名字呢！然而，她什么也没有说，只是默默地努力着。大

概一个星期之后，刘敏终于清楚地记住了所有同事的名字。为了改善和同事之间的关系，勤快的她在忙完自己的工作后，不管看到哪个同事有多余的工作需要分担，都会主动帮忙。到了月底的时候，刘敏简直就像一个超级飞人一样，哪里需要就冲到哪里。渐渐地，同事们原谅了刘敏，都和刘敏有说有笑的。

转眼之间，一年的时间过去了，在年终总结时，作为办公室文员的刘敏特别忙碌，因为有无数的资料等着她整理，还有数不清的报表等着她做。这时候，刘敏自己的工作都忙不过来了，更无暇帮助别人。与刘敏恰恰相反，有几个岗位的同事反而很清闲，因为他们的工作并不涉及年终总结。一天，主管让刘敏马上完成一份表格，并且要打印100份。刘敏刚刚开始做表格，经理又让她复印50份资料，说过会儿开会就要用。两份工作都很紧急，主管和经理都不能得罪，刘敏不由得感到分身乏术，左右为难。这时，刘畅突然问："小敏，需要帮忙吗？我现在没有什么紧急的事情。"刘敏感激地看着刘畅，说："能麻烦你帮我把这个文件复印50份吗？经理一会儿开会就要用，但是我正在做着主管急用的表格。"刘畅二话没说，二十几分钟后，他将一摞厚厚的复印好并且装订整齐的材料交给刘敏。刘敏连声感谢，刘畅却说："小事一桩，不足挂齿，这与你平日里对我们的帮助相比，差远了呢！"听到这句话，刘敏心里觉得暖暖的。

事例中的刘敏，刚进公司时因为记不住名字，得罪了很多同事，幸好她后来积极弥补，赢得了同事们的认可和喜爱。后来，在年终忙碌时，好人缘的刘敏也得到了同事们的主动帮助，从而顺利完成堆积成山的工作。女孩们，每个人在这个社会上都不是独立的存在，任何时候，我们都不可能仅凭单打独斗就获得成功。高情商的女孩很善于把自己融入团队之中，因为她们深知唯有在团队中，她们才能获得成功，也才能最大限度发挥出自身的能力。

女孩们，不管你们现在是学生，还是已经步入社会走上工作岗位，都要学会与他人搞好关系。民间有句俗话，牛马大值钱，人大不值钱。尤其是在初入公司时，我们不如放低姿态，多多请教老同事，在他们需要的时候主动给予帮助，这样自然会拥有好人缘。处在和谐融洽的人际关系中，你会发现自己如鱼得水，游刃有余，这对于你未来职业生涯的发展也是有莫大好处的。

让他人欠着你的人情，这种感觉妙不可言

现实生活中，很多人待人处事秉承与他人两不相欠的原则，既不愿意欠别人的人情，也不愿意被他人欠人情，最终明哲保身，人情淡漠。其实，这样的做法并不好，因为人情就是用来欠的。我们不要害怕吃亏，可以适当地帮助他人，让他人欠着我们的人情。这种感觉，就像是把积蓄放在银行里，等着它慢慢地生出很多利息来一样。当然，也许我们对他人的帮助最终没有回报，但是我们依然能够从赠人玫瑰、手有余香的美好感受中，得到最大的回报。从另一个角度来看，我们也可以适当欠欠别人的人情，这样我们才能时刻想着回报他人，最终你来我往，与他人之间的交情也越来越深厚。

作为女孩，要想在人际交往中占据主动，我们更应该学会施予他人以人情。唯有如此，我们才能得到他人的感激；也许在我们需要的时候，他人就会对我们施以援手。总而言之，主动施惠于他人，能够让我们在人生之中得到意外惊喜的回报，也能够帮助我们得到好人缘，广结善缘。一个高情商的女孩，从来不会吝啬付出。哪怕是不求回报的付出，也能给她们带来莫大的快乐。

在办公室里，小万是个清高孤傲的女孩，很少与同事们来往。不过，这并不意味着她冷漠无情，在同事们真正有需要的时候，她总是积极主动地伸出援手，因而同事们都非常喜欢她，与她保持着君子之交淡如水的纯真友谊。

前段时间，坐在小万隔壁办公桌的倩倩，因为大姨妈大驾光临，突然腹痛

难忍。看着倩倩头上豆大的汗珠，小万主动说：“倩倩，你快回家休息吧，我来帮你请假，再帮你把没有做完的工作处理掉。”看着热心的小万，倩倩为难地说：“但是我还有一份文件没有做好呢，老板说明天早晨上班之前就要交。只怕得加班到晚上，才能完成。”小万拍着胸脯说：“没关系，你就放心回家吧，我一定能完成的。”就这样，倩倩回家休息了，小万处理完自己的工作，再帮助倩倩处理完工作时，都已经凌晨两点多了。后来，倩倩成了小万真正的铁杆朋友，不管小万遇到什么困难，倩倩都会挺身而出，绝不畏缩。

在这个事例中，小万是个面冷心热的女孩，虽然平日里和同事疏于交往，但是每当同事有了难处，她都能够积极主动给予帮助，而且绝不抱怨，更不求回报。人的心都是知恩图报的，小万的付出得到了倩倩真诚的回报和真挚的友谊。如此一来，小万自然多了一个忠心耿耿的好朋友。

女孩们，每个人在人生路上都会遇到各种各样的困难。每当这时，只要我们力所能及，就应当积极主动给予他人帮助。有的时候，我们也会被他人求助，只要能力所及，就不要推辞。毕竟，也许未来的某一天我们也会成为求助者，也迫切希望有人能够帮助自己。爱心就像是一种能量，在有爱的人那里不断传递，使整个世界都充满爱与友善，充满积极正向的能量。

那么，我们应该如何施予他人人情，让他人欠着我们的情分呢？很多女孩都不知道应该如何去做，其实只要成为生活中的有心人，我们就会发现有很多方法可以实现这个目的。诸如，我们可以像事例中的小万一样主动帮助他人，毕竟人在危难之际都渴望得到帮助，所谓锦上添花不如雪中送炭。其次，在受到他人求助的时候，只要力所能及，就不要轻易拒绝。凡事都是有因才有果的，我们只有种下善缘，才能收获回报。再次，我们应该学会设身处地为他人着想。每个人在考虑问题的时候，都难免从自己的主观角度出发，很难真正做到为他人着想。作为给予他人帮助的人，我们必须尽量避免过于主观，做到想他人之所想，急他人之所急，这样才能给予他人实实在在的帮助。最后，我们对于他人的任何帮助，都要落实到实际行动上。所谓说得好听不如做得好看，即使说出一千句豪言壮语，也不如真正帮助他人一次。所以，只要我们真正去做了，对方自然会把我们的情谊记在心里。只要能够做到以上这几点，我们就能够施予别人以人情，同时在情分的银行里，为自己储存了越来越多的“积蓄”。

女性朋友不可不知的人际交往秘笈

现代社会，妇女能顶半边天，女性朋友走出作为男人附属品的魔咒，从此不但在家庭中承担重任，在社会生活中也与男性平分秋色。由此一来，尽管女性的地位提高了，但是女性在社会生活中承担的责任也越来越大，导致女性承受的压力也随之增强。在这种情况下，女性越来越频繁地投身于社会生活，积极参加社交活动。毋庸置疑，女性在社会交往活动中与男性还是有本质区别的，女性不可能像男性那么豪爽奔放，也不可能与他人三碗不过岗。一个真正优秀的女性，既有巾帼不让须眉的英勇豪气，也有女性独有的婉约和细腻。尤其是在与男性交往时，更要保持适当距离，以免给人留下轻浮的印象。

尤其是女孩，在参加社会活动时，更应该坚持原则，做到不卑不亢，落落大方。也许有的女孩会问，我到底如何做才能处理好人际关系呢？其实，女孩的人际交往是有秘笈的，真正掌握人际交往技巧的女孩，才能在社交活动中如鱼得水，游刃有余。当然，这里所说的人际交往不仅仅限于普通朋友之间的交往，其实亲人、朋友，甚至包括爱人之间的相处，都属于人际交往的范畴。

王珂结婚三年了。三年来，她和老公冯刚的感情越来越好，还有了一个活泼可爱的儿子。然而，孩子一岁断奶之后，王珂决定出去工作。她两年的时间

里一直在家里，现在走入工作岗位，自然觉得非常新鲜，每天都高高兴兴上班去，高高兴兴回家来。

有段时间，王珂回家的时间越来越晚，因为她所在公司是新公司，所以正处于发展和扩张阶段，工作繁重，事物繁杂。有一天，王珂很晚还没回家，因而冯刚去公司接她。远远地，冯刚就看到王珂和一个男士、一个女士有说有笑地走过来，因而冯刚一直在旁边看着，没有叫王珂。原来，这个男士叫华丰，是王珂的同事。对于王珂，华丰一直很有好感，毕竟作为成熟的少妇，王珂给予华丰的感觉和那些女孩是不一样的。但是王珂很清楚自己有家有孩子，也不愿意为此惹下什么麻烦，所以她只把华丰当成是普通同事，哪怕平日里说话，也必然有其他同事在场。当晚，冯刚直到王珂和华丰在单位楼下分道扬镳，才装作匆匆赶来的样子。王珂看到冯刚来接自己，非常高兴，和冯刚手挽着手回家了。

在这个事例中，倘若不是王珂与同事交往有度，那么深夜去接她的冯刚看到她与男性同事单独相处，一定会打翻醋坛子。幸好，当时还有一位女士在场，也让冯刚打消了疑虑。也许有些女孩会说，要是丈夫因为这一点点小事就生气，还算什么大丈夫，简直是小肚鸡肠！其实，吃醋是人之常情，越是彼此相爱，在乎对方，也就越容易吃醋。因而作为女性，我们一定要时刻注意与异性交往的尺度，以免给自己惹来不必要的麻烦。

退一步而言，即便是单身的女孩子，在与朋友相处时，也应该拥有自己的原则和底线。尤其是异性朋友，更要严格界定是普通朋友，还是准男朋友，抑或者是恋爱甚至结婚的对象。因为心中对异性的定位不同，也就直接导致女孩在与异性相处时要采取不同的态度。总而言之，一个女孩只有洁身自好，自尊自爱，才能得到他人的尊重和爱，也才能让自己的人生更加一帆风顺，与幸福快乐常相伴。

路遥知马力，朋友贵在好人品

不可否认，女性和男性相比，在生理上处于弱势地位，这也就决定了女性在与男性交往的过程中，必须注意自我保护，从而免遭伤害。其实，所谓害人之心不可有，防人之心不可无，每个人在人际交往中首先应该保证自身的安全。这也就要求我们，在与人交往时，一定要更加看重对方的人品，而不要被对方的表面现象所迷惑。

现实社会中，很多女孩贪图享受，愿意和富二代、官二代交往，从而得到昂贵的礼物，还有可能得到不劳而获的人生。实际上，这是目光短浅的表现，因为一切的金钱权势，并不能作为标榜人品的标准。当然，我们也并非说富二代、官二代一定不好，而是说我们要学会正确评价和衡量一个人。归根结底，金钱和权力不能代表什么，要想得到志同道合、不离不弃的真朋友，一定要花费时间，所谓路遥知马力，日久见人心。我们必须先考察朋友的品质，再去考虑是否真正信任他们。

尤其是对于处于婚恋年龄的女孩而言，在结交朋友的时候，更应该把人品放在首位。也许物质上的富足的确能为幸福生活提供更多的保障，但是假如人品不好，就像一棵大树从根部就腐烂变质了，那么即使枝叶再怎么繁茂，也于事无补。

作为大龄剩女，樱桃已经三十五岁了，还没有男朋友。年轻时，虽然她自身条件不错，但是对男性要求也很苛刻，最终耽误来耽误去，把自己耽误成了老闺女。如今，虽然她降低了要求，也迫不及待地想要把自己嫁出去，却总也碰不到相对合适的人了。

前段时间，樱桃在姨妈的介绍下认识了一位离异男士。这位男士虽然离异，但是条件很好。人到中年，刚刚四十岁，经济基础雄厚，不但有房有车，还有运

转良好的公司呢！最主要的是，这位男士人也很帅气，樱桃几乎一见倾心。很快，他们就陷入热恋之中。然而，一个偶然的机会，让樱桃发现这个男士是个花心大萝卜，喜欢在外面拈花惹草。这时，家人都劝樱桃终止这段恋情，但是恨不得马上把自己嫁出去的樱桃根本听不进家人的意见，轻而易举地相信了男士的海誓山盟。她告诉父母："他说以后一定洁身自好，他肯定能做到。"爸爸担忧地说："女儿，找丈夫一定要找有责任心的男人，口腹蜜剑的男人可靠不住。"

很快，一门心思想要结婚的樱桃就和这位男士走入了婚姻的殿堂。然而，结婚刚刚一年，樱桃正身怀六甲呢，这个男人再次出轨，把樱桃弄得身心俱伤。这次，樱桃毅然决然选择了离婚，她不想让自己的一生都在提心吊胆中度过。

假如樱桃当初听父母的话，能够及时离开那个花心的男人，也许就不会有后来的伤害。然而，人总是容易头脑短路，已经成为大龄剩女的樱桃再也等不起，迫不及待地投入了婚姻的怀抱，最终得到除了伤害还是伤害。当初她为之怦然心动的那些条件，诸如这个男人事业有成、有房有车等，在恶劣的人品面前全都一文不值。

社会的飞速发展，也使得人心越来越浮躁，越来越复杂。每一个女孩在面对终身大事的时候，即便只是结交普通朋友，也要非常慎重，必须考察对方的人品，才能真正对其许以真心真意。也许有些女孩会说，我又不是对方肚子里的蛔虫，如何能够清楚对方的底细呢？其实在交往的过程中，只要我们足够认真细致，总能通过各种细节了解对方的秉性品质。诸如，我们要了解对方对待金钱的态度，如果一个人为了金钱不顾一切，没有底线，这个人无疑是个伪君子，根本不值得托付。此外，我们还可以看对方的朋友，所谓物以类聚，人以群分，只有朋友才能代表我们真实的喜好和趋向。有的时候，如果对方与朋友发生矛盾，我们还可以通过其与朋友解决矛盾的方式，加深对其了解。民间有句俗话，叫作滴水之恩，当涌泉相报。一个知恩图报的人，人品往往不会差。在交往过程中，我们还要看看对方是如何对待恩人的。倘若对方是个喂不熟的白眼狼，薄情寡义，那么自然不值得你托付。总而言之，生活中的很多细节都会透露对方的脾气秉性，只要我们处处用心，总能抓住这些细节，更加深入地了解对方。所谓路遥知马力，日久见人心。只要假以时日，相信对方一定会露出真面目。女孩们，你们是否已经知道如何选择和考察朋友了呢？

你的人脉关系中，有些人不可替代

虽然说多个朋友多条路，但是真正能够维持一生的友谊是少之又少的。现代社会处于飞速发展的阶段，人们对于友情的理解也和以前不同。可以说，大多数的友谊都是建立在利益关系之上的，如果彼此始终能够在对方需要的时候互帮互助，倒也值得欣慰。毕竟，没有永远的敌人，只有永远的利益，既然在利益面前敌人能够变成朋友，那么无疑，在利益面前，朋友也能够反目成仇。所以现代社会的朋友相处之道，不但要讲究真情真意，也要讲究互利互惠。

生活中，我们结识他人的方式大多是通过别人的介绍。因而，我们在用心经营与这些朋友的关系时，也不要忘记用心维护与介绍人的友谊。常言道，饮水思源，如果没有介绍人慷慨的介绍，也许我们的人际关系网就会薄弱很多。从另一个角度而言，这些介绍人先于我们认识那些朋友，所以介绍人对于我们的评价也将会直接影响到新朋友对我们的认可度。由此可见，经营好与介绍人的情谊事关重大。

毋庸置疑，人与人之间的关系是有远近亲疏之分的。尤其是当朋友多了，我们不可能与每个朋友都保持亲密无间的关系，一则时间和精力不允许，二则朋友相交也要靠缘分，假如缘分不够，再怎么努力也无法亲密。所以，在人脉

关系中，我们必须有意识地关注那些不可替代的人。的确，有些人就是不可替代的，他们至关重要，任何人也无法取代他们的地位和作用。对于这样的人，即便是我们与其不能做到志趣相投，也应该保持基本的交往，做到礼尚往来。虽然这么说有些功利，但是现实就是这么残酷，我们做很多事情的确都带有一定的目的性和功利性，而且我们与其相识的过程也可能有坎坷挫折，因而维持好与他们之间的关系也就更加重要。

小霞大学毕业后，一直没有找到合适的工作，最终来到一家建材公司当推销员。众所周知，建材行业竞争是非常激烈的，对于小霞这样毫无背景和关系的女孩来说，想要在这一行站稳脚跟，简直比登天还难。在整整两个月的时间里，小霞几乎跑遍了北京城的工地，但是没有一个工地的负责人愿意从她这里订购建材。

这天，小霞再次遭到拒绝，正准备颓废地离开办公室，工地负责人突然喊住她，说："等等！"小霞回过头，工地负责人说："我有个表弟准备承包一项工程，也许你可以找他试试。"小霞惊喜地问："真的吗？"工地负责人有些无奈地说："小妹妹，我有必要骗你吗？"很快，小霞就在工地负责人的介绍下，来到了他表弟张军的办公室。得知小霞是表哥介绍来的，张军对小霞还算客气。小霞简单说明了自己的情况，张军说："既然是我表哥介绍来的，而且我暂时也没有固定的供货商，不如就先与你们合作一段时间吧。"小霞做梦也没有想到自己就这样做成了第一单生意，正式签约之后，她买了好烟好酒，特意去感谢介绍人。随着几次来往，小霞和介绍人以及张军之间建立了信任，后来，介绍人又介绍了好几单生意给知恩图报的小霞呢！由此，小霞渐渐打开了销售局面，随着人脉的拓展，工作上越来越顺利。

在这个事例中，介绍人无疑是小霞的贵人。倘若没有热心的介绍人，小霞现在也许已经被公司开除了，毕竟现在没有任何一家公司愿意养活闲人。这就像是一个活扣，介绍人就是那个至关重要的环节，从介绍人入手，小霞的人脉越来越丰富，生意自然也就越来越好做。所谓万事开头难，现在小霞已经度过了最艰难的时刻，人生渐渐进入柳暗花明的境地。

女孩们，你们的人脉关系中是否也有些不可替代的人呢？也许你们平日里并没有意识到对方的重要性，那么不如现在就开始整理自己的人脉。要记住，千万要用心维护那些不可替代的人脉关系，也许它们将会带给你巨大的惊喜呢！

第09章

成为好上司好下属好同事——高情商才能游刃职场

现代社会，大多数女性都走出家庭，走入职场，成为巾帼不让须眉的职场女强人。然而，对于女性而言，不仅有生理上的局限使她们在面对工作的时候有些吃力，更重要的是职场上纷繁复杂的人际关系，也使她们压力倍增。因而女孩一定要提高自身情商，如此才能得到同事和上司的认可与赏识，在职场上游刃有余，如鱼得水。

办公室里的政治，交谈不可随心所欲

有的人办公室大，有的人办公室小，然而不管是大办公室还是小办公室，都绝不可小觑，因为办公室实际上就是社会的缩影，每个办公室都有自身独特的文化，也有人与人交往的潜规则。在职场上，很多新入职场的菜鸟都因为不了解办公室文化，最终被卷入办公室斗争的旋涡，导致自身陷入被动不说，甚至还有可能因此失去工作，可谓得不偿失。

常言道，有人的地方就有江湖。江湖是什么，江湖是鱼龙混杂，蛇鼠一窝，也是各人大显身手的好地方。经验老到的人自然能够在江湖里随心所欲地生存，但是对于很多菜鸟而言，要想混迹于江湖，却不被陷害，保全自身，显然是很难的。从这个角度而言，走入办公室江湖的你，千万不要掉以轻心哦！

在婚庆公司工作的思思，是个单纯善良的好姑娘。她所在的婚庆公司规模很大，主要承接高档婚宴，因而作为销售代表，思思与其他同事之间其实不仅仅是合作的关系，也常常需要竞争。

近来，思思所在的团队正在跟进一个大明星的婚礼，进行初步的洽谈。从早期情况来看，那个大明星对于公司还是比较满意的，很有意向合作。但是，就在事情进展很顺利的时候，大明星突然改变主意，要终止洽谈，这也就意味着合作没有希望了。领导得知此事后，马上找到思思所在的团队开会。在团队里，因为主要是由思思和雅文负责这个项目，所以思思自我检讨：“对不起领

导，我和雅文一直在很用心地跟进，也不知道是怎么了，事情就成这样了。原本，我们还以为是十拿九稳的呢！”这时，领导突然把矛头对准雅文，说：“雅文，既然思思不知道这件事情是怎么回事，你总该知道吧？”看到思思把难题踢给自己，雅文狠狠地瞪了她一眼。思思不知所以，根本不知道自己犯了大忌。后来，很长一段时间内雅文都不理思思，思思呢，也不知道如何是好，更不知道自己错在哪里。

在这个事例中，思思的确是错了。虽然她主动站出来向领导承认错误，但是她的自我剖析，却把球踢给了雅文。其实，职场上的老人都知道，既然总要有人来承担责任，那么就应该尽量承担起所有的责任，以免牵连无辜，并尽力保全自己的合作伙伴。这样，至少还能卖个顺水人情。但是思思显然不明白这个道理，她看似承担了责任，实际上却得罪了雅文。

女孩们，你们是否也时常因为办公室政治感到厌烦和无力呢？的确，中国是人情社会，有人的地方就有密密麻麻如同蜘蛛网一般的人际关系，也就有复杂的钩心斗角。尤其是在很多大型企业里，人际关系往往更加难以厘清头绪。从这个角度而言，作为职场菜鸟的女孩也许会感到很头疼，因为她们对于这样的关系根本毫无知觉。其实，这也许反倒是一件好事，所谓心远地自偏，因为心中纯净，所以哪怕无意间得罪了他人，至少关系也是相对理得清的。

看到这里，相信有很多女孩都会心生恐惧，甚至会因为即将到来的职场生活感到压力倍增。实际上，办公室政治是有章可循的，通常情况下，只要我们避免跨入办公室政治的雷区，就能够做到明哲保身，一心一意地工作。首先，在办公室里一定要讲礼貌，尤其是对于初来乍到的职场菜鸟而言，此时对于每个同事的脾气秉性都还不够了解，千万不要随随便便就与对方攀关系，拍马屁，如果反而导致对方怒火中烧，岂不事与愿违？其次，在办公室里虽然常常需要附和领导或者前辈说话做事，但是一味地阿谀奉承并不能使你站稳脚跟，毕竟老板花钱给你发工资，是想要拥有一个有独立主见和思想的下属，而不是一个只知道人云亦云的无用者。再次，要想在办公室里站稳脚跟，特立独行并非不可以，但是还要注意融入团队和集体之中。尤其是在需要承担责任的时候，假如你已经作好了英勇就义的准备，就不要临死了还拉个垫背的。从上司的角度而言，他也更愿意欣赏和信任那些责无旁贷承担责任的好下属。最后，还要与同事搞好关系，绝不要背后议论同事的长长短短，因为这个世界上根本没有不透风的墙。只有避免祸从口出，使工作环境和谐融洽，我们才能最大限度发挥自身的能量，也才能做到最好的自己。当然，除此之外，办公室政治中还有很多禁忌，这都需要我们在日常工作中细心体察，多多摸索和领悟。只要我们成为有心之人，就一定能够很快在办公室政治中找到正确的处理之道，也使自己的职业生涯发展更加顺利。

当一个高情商的女上司

现代职场，有很多女性都走上领导岗位，成为管理者。在这种情况下，女性就无法再任性而为，工作也不再是只对自己负责，而要努力成为一只合格的领头羊，带领下属把工作做得风生水起，从而实现共赢。

从事过管理工作的人都知道，我们的工作对象是人，这也就意味着我们需要殚精竭虑，与其斗智斗勇，才能彻底降服他们，最起码是表面的驯服。这是因为人是这个世界上最复杂的动物，有着缜密的心思，每个人的脾气秉性、想法观点也都完全不同。牙齿还常常碰到舌头呢，更何况是原本完全陌生的人要在漫长的白日里一起处理工作，一起共甘共苦呢？因而作为领导者，女上司最重要的就是团结下属，做好下属的心理工作，从而使整个团队凝聚成一股绳子，变得无比坚强。

作为女孩子，当成为一名女上司时，如何才能把工作做得圆满呢？对于缺乏人生经验而且心理上也比较脆弱的女孩而言，这当然是一项很艰巨的任务。其实这并不困难，只要女孩提高自身的情商，把人际关系处理好，那么管理工作也就水到渠成。因为从本质上来说，管理工作就是人的工作。正如古代君王所说的，得民心者得天下，我们也要说，得到下属心的上司，才是真正的好上司。

作为一名新晋升的女上司，若琳的压力很大。毕竟，她刚刚大学毕业进入公司没几年，如今就要承担如此重任，所以她决定要新官上任三把火，给予那些大多数都比她年长的下属们一个下马威，为日后的管理工作树立威信。

在上任的前几天，若琳一直毫无动静，渐渐地，那些经验丰富、资历老道的下属们，全都对她放松警惕，觉得她也并没有什么过人之处。因而，在几天时间里始终坚持按时到岗的他们开始三三两两地出现迟到现象，就连若琳升职之前的好姐妹小梦，居然也迟到了十分钟。

次日清晨，若琳早早来到单位，在正式开始上班时，她黑着脸站在办公室门口。每一个迟到的人，都被她记录在案。下班前，若琳特意召开全员会议，说："从今天开始，每一个迟到早退的人，每次罚款一百元。今天早晨的迟到人员，现在就准备好罚款，一分钟之后，我会让秘书小李收取罚款。这些罚款将会作为办公室集体活动的经费，不再予以退还。"结果，包括小梦在内，所有迟到者都上交了罚款。小梦满脸通红，心中暗暗憎恨若琳的铁面无情。然而，这个办法却起到了很好的效果，因为散会之后，没有任何一个人在五点半正式下班之前离开办公室。从此之后，早晨迟到的现象也被彻底杜绝，毕竟辛苦工作一天也挣不到几个一百块钱，谁愿意为了晚来几分钟就把一天的大部分收入贡献出去呢！

这是若琳上任之后烧的第一把火，铁面无情，即便是对待好朋友，也绝不心慈手软。虽然这在短时间内伤害了小梦的心，但是因为办公室里那些迟到的老同事也都被罚款了，所以小梦倒也无法指责若琳。只能说，她必须学会适应若琳的公私分明，休息的时候她甚至可以要求若琳请吃大餐，但是在单位里她必须作为普通下属，接受若琳制定的一切规章制度和惩罚措施。不得不说，若琳的情商很高，她也许是特意挑了小梦也迟到的日子，才召开这样一个专门惩罚迟到的会议。又为了起到更好的效果，她公私分明，守口如瓶，甚至没有提前告诉小梦会遭到怎样的处罚。正因为如此，这把火才烧得很成功。

大多数人心里对于女上司都存在偏见，诸如觉得女上司目光短浅、优柔寡断、缺乏胆量等等，因而他们根本不把女上司放在眼里。正因为如此，女上司才应该有的放矢，树立自己的形象，使人们彻底消除偏见。还有人觉得女上司会徇私枉情，顾及面子和感情，事例中的若琳就给出了很好的答案，事实证明她连好朋友都敢得罪，更何况是其他人呢！当然，其实女上司在工作中也占据很多优势，诸如女上司敏感细腻，能够及时体察下属的情绪变化，也更具有亲和力，可以与下属之间进行深入的沟通和交流。这些优点，给女上司的工作带来了很多便利，使得女上司的工作更加顺利。

总而言之，作为一名女上司，我们要客观公正地认知和评价自己的工作，扬长避短，取长补短；对于他人提出的意见和建议，做到心胸开阔，有则改之，无则加勉。需要注意的是，有些女上司为了纠正他人的偏见，往往矫枉过正，一改柔弱的模样，变成了专制独裁的女魔头。其实凡事过犹不及，女性朋友作为上司，也应该顺其自然，无须刻意为之。尤其是在对待男下属的时候，更应该做到刚柔并济，恩威并施，这样才能真正让下属心服口服。

与上司搞好关系，你怎么能没有高情商

人在职场，除非自己当老板，否则一定要学会与上司搞好关系。通常情况

下，上司是与我们在工作上有直接关系的领导者，即便我们能力再强，假如无法搞定上司，也必然会导致职业生涯的发展受到阻碍。自古以来，官场上就有官大一级压死人的说法，尽管有所偏颇，但的确很有道理。举个最简单的例子来说，职场上的层级是很森严的，最忌讳越级上报。因而作为下属，不管我们多么不把上司看在眼里，都要对上司毕恭毕敬，尊重处于更高一层管理级别上的他。从上司的角度而言，老板在提拔某位职员的时候，最看重的就是这个职员的顶级上司对他的评价。因而，假如上司对下属的评价不高，那么就算老板多么赏识这位职员，也难免要心生嘀咕。归根结底，顶头上司是最了解我们平日里工作表现的人，也是最有权力评判我们职业潜力的人。总而言之，高情商的女孩深知得到上司赏识的重要性，因而在工作中会很尊重上司，也会努力得到上司的认可和赏识，从而帮助自己的职业生涯更加一帆风顺。

当然，也许有些女孩会说，我不知道如何与上司搞好关系。其实没关系，因为只要你勤奋好学、虚心谨慎，再加上在工作过程中不断用心领悟，就一定能够迅速进步，成为上司眼中勤奋进取、值得提拔的好学员。首先，所谓千人千性，在漫长的职业生涯中，我们难免会遇到各种性格的上司，因而要想与上司搞好关系，第一步就是了解上司的脾气秉性和性格特点，这样才能做到知己知彼，百战不殆。其次，在职场上一定要公私分明，尤其是在与上司相处的时候，哪怕双方私底下关系非常亲密无间，在职场上也要讲究分寸，不要超越级别和权限，对上司做出越级的举动。再次，还要对上司保持忠心。众所周知，对于管理者而言，他们工作的对象就是人，最大的成就也是能够团结下属的心，让下属全都支持和拥护自己。因而忠诚于上司，无疑是下属给予上司的最好礼物。当然，这里所说的忠诚既包括认真完成工作，也包括用心对待工作，对工作有主见，保证质量按时完成。尤其需要注重细节，因为细节往往更能彰显我们对于工作的严谨态度，也能表现出我们对于上司的绝对服从。最后，还要积极与上司沟通。人与人之间的了解，主要依靠沟通，即便是下属与上司之

间也不例外。不过需要注意的是，因为我们在职场上与上司之间职位不同，所以在与上司沟通时应该讲究方式方法，既不要过于随性，也不要过于拘谨。尤其是在汇报工作方面，高情商的女孩总是积极主动地向上司汇报工作，从而让上司更加了解自己的工作进度和思想状态，也更加欣赏和赏识自己。有人说过，工作汇报得好不好，甚至比工作上的表现更加重要。当然，假如我们能够同时用实力与语言为自己代言，则效果一定更加显著。此外，职场中上下级之间尤其要注意把握好异性之间的分寸，毕竟男女有别，异性之间的关系永远是敏感话题。要想不给其他人留下话柄，女孩一定要洁身自好，凭借实力实现自己的人生价值，也凭借实力获得成功的人生。

小薇大学毕业后进入这家公司工作，虽然才过去一年多时间，但是她已经从普通的文员，成为经理助理了。毫无背景和关系的小薇，是如何做到飞黄腾达的呢？其实，这一切都与小薇的高情商密不可分。

最初进入公司时，小薇只是一名普普通通的文员，在办公室主任的管辖下，主要负责处理各种文件和表格。有一次，主任因病请假，小薇忙完自己手里的文件，想起来主任曾经说过这份文件是经理要用的，因而她主动把文件提交给经理，说："经理，我听主任说您着急用这份文件，因为主任因病请假，所以我把文件提前交给您。您先过目一下，如果有什么不合格的地方，还有一天的时间，我可以尽快完善。"看到眼前这个机灵的女孩，经理笑着点点头。果不其然，文件有几个地方的数据都不够翔实确凿。在经理提出质疑之后，小薇马上进入档案室调查原始资料，足足花了好几个小时，才找到最准确的数据。看着这份近乎完美的文件，经理不由得对小薇刮目相看。

在主任请假的几天时间里，小薇得到经理的默许，对于工作上的事情可以直接向经理请示。就这样，小薇抓住机会，经常向经理汇报工作，这也让经理认识到她对工作认真严谨的态度，因而更加赏识她。一年之后，因为经理需要一个助理，所以理所当然地提拔了对于工作非常熟悉也认真负责的小薇。

在这个事例中，小薇作为普通文员，原本与经理根本搭不上关系。但是她非常机灵，情商很高，在看到主任因病请假之后，又因为担心耽误经理使用文件，所以特殊情况特殊对待，特意把文件提前交给经理，这样才有时间根据经理的意见完善文件。有这样的下属，经理当然很喜欢，这样至少能够给他的工作减少很多不必要的麻烦。后来，小薇在主任病假的时间里一直积极主动地汇报工作，使经理认识到她勤奋严谨的工作态度，因而对她留下了良好的印象。由此一来，小薇的晋升也就水到渠成。

人在职场，很多时候辛苦工作一天，也比不上一次恰到好处、言简意赅的工作汇报。很多女孩在职场上作为基层工作人员，不愿意与越级的上司打交道。当然，在非特殊情况下，我们最重要的是与顶头上司搞好关系；不过倘若情况需要，适当越级也无不可。高情商的女孩善于抓住工作中千载难逢的好机会，给自己更多的发展空间。

和同事处好关系，优化工作环境

对于一名奋战职场的职业女性来说，每天朝九晚五，只怕与同事相处的时间比与家人相处的时间更长。在这种情况下，要想在职业生涯中获得发展，成就自己，就必须与同事搞好关系。从某种意义上来说，与同事的关系是否和谐融洽，将会直接影响职业女性的事业发展。然而，同事关系完全不同于同学、朋友等关系。同事之间的友谊并不纯粹，甚至有些同事之间还存在激烈的竞争，友谊出现的概率很低。那么，面对自己不得不和颜悦色以对，且存在利益关系的同事，我们到底怎么做，才能如愿以偿地与其搞好关系，也让自己的工作环境更加优化呢？

很多职场老人都知道，与同事不能提及隐私，既不要谈自己的隐私，也不要打探同事的隐私，这可以说是同事之间相处的底线和原则。除此之外，同事之间在晋升或者业绩面前，总是存在利益的争夺。在这种情况下，我们应该把眼光看得长远一些，千万不要鼠目寸光，更不要因为小小的利益就与同事争得你死我活。毕竟，只有更好地与同事合作，我们才能最大限度实现自身的价值，获得成功。对于一个想在职场上获得长远发展的女孩而言，与同事合作才是终极目标。

具体来说，首先，人与人交往的基础就是相互尊重，我们只有尊重同事，才能得到同事的尊重。中国是讲究礼尚往来的人情社会，与同事相处久了，一定要有情分，在同事有什么喜事的时候，送上自己的祝福；在同事需要的帮助的时候，做到慷慨解囊、不遗余力，日久天长，我们与同事之间的情谊自然越来越深厚。其次，和同事相处要能够设身处地为同事着想。毕竟，每个人的脾气秉性都是完全不同的，我们不能把自己的要求生搬硬套到同事身上，而应明白同事也有自己为人处世的原则和底线。所谓原谅别人就是宽宥自己，当我们以宽和的心对待同事时，自然也能够得到同事的宽容以待。再次，做人一定要低调，不要张扬，在遇到纷争的时候，也要做到谦虚忍让。当同事性格怪异时，也不要轻易放弃与其相处。所谓大肚能容天下事，倘若我们放开心胸，必然能够遇见更好的自己。此外，在齐心协力完成工作的过程中，出现分歧是很正常的，一定要采取合适方式解决问题，如此才能做到皆大欢喜。最后，与同事在一起要有福同享，有难同当。人非圣贤，孰能无过，在工作过程中，即便是经验丰富的老同事，也有可能因为一些失误导致工作出现偏差。在被上司指责或者处罚时，千万不要畏缩，更不要推卸责任。否则，日后还有谁愿意与你合作呢？情商高的女孩总是能够主动承担责任，并且绝不牵连同事。总而言之，人与人的相处是很细微复杂的。尤其是对于脾气秉性截然不同的人，我们必须更好地学会和他们的相处之道，才能让工作环境和

谐融洽，也才能让工作效率倍增。

杨慧从小就是家里的独生女，因而一直娇生惯养。大学毕业后开始工作，有洁癖的她总是把办公桌整理得一丝不苟，秩序井然。即便是抽屉里的杂物，她也按照分类进行摆放，绝不紊乱。为此，有一次经理给大家开会时，还特意让大家都向杨慧学习呢。

一天早晨，杨慧来到办公室，刚走到自己的办公桌前，突然大惊小怪地喊道："哎呀，是谁动了我的椅子。我昨天下班的时候，明明把它塞到办公桌下面了啊？"说完，她对着办公室里的同事们喊道："大家都听好了，以后谁再坐我的椅子，一定要把它放到办公桌下面，恢复原样啊！"听着杨慧的话，同事们面面相觑。中午午饭后，杜伟和杨慧开玩笑说："杨慧，帮我也收拾收拾桌子吧，我实在是不知道应该怎么收拾啊！"杨慧得意洋洋地拿抹布擦拭自己的桌子，说："你呀，我简直怀疑你个人卫生是不是也这么糟糕。你赶紧坦白承认，你是不是每天都不刷牙，不洗澡呢？"杨慧的话使杜伟满脸通红，找了个借口就溜之大吉了。渐渐地，办公室里的同事越来越疏远杨慧，大家都不愿意和她交往。就连杨慧在办公室里最好的姐妹西西，也无奈地说："杨慧，以后中午你还是自己去吃饭吧，我实在受不了你总说这个饭也脏，那个饭也脏，什么都不让我吃。"

在这个事例中，杨慧爱干净原本是件好事情，但是她偏偏达到了洁癖的程度，而且把自己对于卫生的过分要求强加到其他同事身上。如此一来，导致她身边的人都很紧张，不知道到底怎么做，才能符合她的标准，最后大家只好全都离她而去，再也不愿意和她共处了。

杨慧的错误就在于，她对于同事关系的定位不够准确，甚至还用自己的标准强求他人。殊不知，同事关系是很特殊的，从私人角度而言，它非常宽松，从工作的角度而言，它又需要同事之间密切合作。因而高情商的女孩知道如何准确把握与同事之间的关系，何时应该亲密无间、众志成城，何时应该给予对方足够的自由和空间，让对方感到舒适惬意。不论何时，我们都应该严于律己，也都应该牢记不要用对待自己的标准和要求苛责他人。唯有如此，我们与同事的关系才能松紧适度，和谐融洽。

把工作当事业，还是仅仅混口饭吃

常言道，当一天和尚撞一天钟，这句话形象地揭示了混日子的状态。其实，现代职场上也有很多这样蒙混过关的“和尚”，他们工作的目的就是为了挣钱，丝毫没有想到应该把工作当成自己的事业，用心经营和发展。也正因为这种消极的心态，导致他们在工作上始终毫无起色，也没有任何收获。最终，他们非但没有挣到足够的钱，工作也默默无闻，导致人生变得黯淡无光。

其实，一个人在工作中不管是全力以赴还是蒙混过关，每天终究要在岗位上干满一天至少八个小时，有的时候还是十个小时，甚至更长的时间。与其白白浪费宝贵的时间混日子，不如竭尽全力干好工作，最终把工作变成自己的事业，使自己的人生也更加圆满充实。很多人之所以在职场上风生水起，叱咤风云，就是因为他们很清楚这个道理，因而绝不浪费人生中宝贵的一分一秒，如此全心全意、持之以恒地付出，才为他们换来了丰厚的回报。无疑，这些人都是聪明人，情商也都很高，所以才能作出如此睿智的选择。与他们相对应地，还有很多人对于自己的工作不满意，食之无味，弃之可惜，因而也不能下定决心放弃工作，再另寻人生的新天地。最终，他们就在这份可有可无的工作上浪费生命，虚度人生，导致一无所成。从这个角度上进行分析，是把工作当成事业，还是仅仅作为赖以为生的手段，对于人生的成功影响深远。

全球著名的通信公司，在招聘人员的时候，首先考察的是应聘者对工作的

态度是否积极认真。假如判定应聘者对于工作三心二意，态度不端正，即便这个应聘者的客观条件非常符合公司的需要，公司也不会雇用。因为经过长期的管理，公司发现一个人要想在工作上有所成就，必然对待工作态度端正，也有很高的效率。从这个角度而言，女孩们，假如你们想要在事业上有所成就，那么首先要做的就是端正态度。假如你觉得自己目前的工作不可替代，而且会成为你毕生从事的事业，你对待工作的态度就会马上改变，你的人生也会因此发生翻天覆地的变化。从心理学的角度而言，一个人的工作态度还能反应其内心深处的价值观，最终决定其工作上的成就是大还是小。这一点，对于个人和公司都是至关重要的。

很久以前，有两个建筑工人一起砌砖，建造高楼大厦。工作的过程中，甲总是愁眉苦脸的，提不起精神来，干活的过程中也唉声叹气。乙呢，虽然和甲是搭档，但是始终哼着欢快的小曲，似乎他正在从事这个世界上最伟大而又轻松的工作。看到乙每天都这么乐呵呵的，甲忍不住问乙："哥们，你真的有那么多值得高兴的事情吗？我怎么觉得你每一分每一秒都很高兴呢？"乙笑着说："活着很好，不是吗？"甲又问："活着的确很好，但是你觉得咱们这份工作真的能够使你始终保持愉悦的心情吗？毕竟这份工作又脏又累又辛苦，报酬还特别低，只是枯燥地砌砖而已啊！"乙惊讶地反问："难道你只把这项工作当成是砌砖吗？我认为，我们正在建造伟大的建筑物，将来这里会成为全市的艺术中心，不但有剧院、美术馆，还有博物馆呢！想想吧，我们的孩子以后也会来这里参观的！"听了乙的回答，甲沉默不语。

几年的时间过去了，甲依然在砌砖，只不过换了个地方而已。乙呢，因为对于建筑工作的热爱，他后来通过自学考取了建筑设计师，如今已经开始独立设计雄伟的建筑了。

对于简单的砌砖工作，甲当然有理由抱怨，不管是炎热的夏日，还是寒冷的隆冬，他都不得不从事这项艰苦的工作。但是，乙也和甲在从事相同的工作，乙却毫不抱怨。他相信自己的工作很重要，对于工作始终积极乐观，所以他最终才能够考取建筑设计师，成功改变了自己的命运。

女孩们，也许你们认为在工作的过程中技巧、能力和专业学识是最重要的，然而事实却告诉我们，对待工作的态度更加重要。即使是面对同一份工作，当我们采取不同的态度面对时，我们的内心也会发生潜移默化的改变，最终决定我们人生的成就。从这个意义上来说，你还会轻视自己的工作吗？既然哭着也是一天，笑着也是一天，努力奋斗也是一天，消极怠工也是一天，我们为什么不能笑着努力度过人生的每一天呢！只要我们坚持不懈、持之以恒，命运终将会掌握在我们自己手中，我们也会离梦寐以求的成功越来越近，越来越近。

第10章

财智高，女人玩转财富有妙招
——金钱情商高，日子风生水起

现代社会发展神速，物质也极大丰富，金钱更是在生活中必不可少。要想拥有高品质的生活，我们必须依靠财富的积累，然而如果仅仅依靠工作的薪水收入就想发家致富，显然是很难的。有情商的女人财商也很高，她们很清楚获得金钱的途径绝不仅仅薪水这一个渠道，为此她们精心钻研投资之道，想要以钱生钱，让自己的人生更早地实现财务自由。不得不说，这样的女人都是聪明睿智的。她们还很擅长发挥自己作为女性的特长，诸如敏感细腻、善于沟通、拥有敏锐的直觉和洞察力等，为自己的人生创造更多的便利。

知识就是力量，也是源源不断的财富

如今，我们每个人都处在知识经济时代，社会上的财富越来越集中在少数高知人群的手中。不过需要注意的是，财富来源于知识，但是拥有知识未必就一定能够将其转化为财富。因为很有学识渊博的人未必拥有高情商，也不一定拥有高财商，所以往往无法顺利用知识创造财富。英国著名的哲学家培根曾说，知识就是力量。我国古代也有“书中自有颜如玉，书中自有黄金屋”的说法。在民间，很多穷苦人家的孩子也会努力考上大学，靠知识改变自身的命运。这证明了一直以来，人们都知道知识蕴涵的力量。

对于柔弱的女性而言，知识更是至关重要的资本，能够帮助我们增强实力，提升能力，也能彻底改变我们的人生。作为可持续发展的经济，知识带来的效益并没有那么明显，而是需要假以时日。如今，也有不少父母短见拙识，认为读完大学之后也挣不到钱，因而把孩子早早从学校拽出来，四处打工挣钱。其实，这是绝对错误的。孩子读完大学之后，也许工资的收入不如民工高，但是孩子未来的前途一定不可限量，人生的境界也会因为知识变得更加开阔。所以，聪明的女孩懂得以知识换取财富，也能够真正意识到知识的巨大力量。

在十九世纪初，福特公司的一台电机坏了，公司里所有的行家都聚集到一起，集思广益，但是根本没有人发现到底是哪里出了问题。眼看着时间流走，

损坏的电机却毫无修好的希望，为此行家们最终一致决定：必须请来斯坦门茨，才能解决问题。

斯坦门茨是德国大名鼎鼎的科学家。在大家的期待中，他接受邀请，姗姗来迟。然而让大家惊讶的是，斯坦门茨只带着几只粉笔，还有一块小小的塑料布。大家心里不由得忐忑：只带着这些小东西，真的能修好电机吗？在整整三天的时间里，斯坦门茨什么也没做，每天只待在电机旁边看来看去，侧耳倾听，偶尔还会拿起粉笔在塑料布上写写画画，进行各种复杂的计算。最终，他用粉笔在电机上画了一道线，就如释重负地扔掉了粉笔。福特公司的人问："您找到毛病了吗？"斯坦门茨斩钉截铁地说："打开电机，把里面的线圈减少16圈。"福特公司的人很忐忑，难道困扰他们这么久的问题，如此轻描淡写地就解决了？他们将信将疑地按照斯坦门茨所说的做了，果不其然，电机正常了。

这时，斯坦门茨开口要价一万美元。福特公司的经理完全惊呆了，觉得他这是在漫天要价，因而要求他填写材料单。斯坦门茨大笔一挥，写道："画一条线，一美元。找到划线的地方，9999美元。"就这样，斯坦门茨用三天时间就赚了一万美元，不得不说，这就是知识的价值啊！

要想拥有技能，我们首先要学习知识，奠定基础。斯坦门茨知道福特公司所有专家都不知道的秘密，那就是在哪里划线。对于斯坦门茨而言，他知道在哪里画线值9999美元，而且这项无可替代的技能还将会继续为他赚取金钱。可以说，一旦知识转化为金钱，人们就能凭借知识得到源源不断的收益，因为知识存在于人们的脑海之中，是可持续发展的，也是能够无限期使用的。

当然，如果是个书呆子，只知道学习知识，却不知道如何运用知识，那么把知识转化为技能也就变得很难。所以，我们不但要懂得知识是财富，还要明白如何把知识转化为财富，这样我们的人生才会成为财富源源不断的源泉。作为著名主持人，杨澜经常出现在电视屏幕上。从主持《综艺大观》成名，到如今杨澜已经成为一个成功的媒体人。她不但利用知识从“金话筒”变成董事局主席，还利用知识迎娶全球最大的中文门户网站——新浪网，最终摇身一变，成为在新浪网占有10%股份的股东。不得不说，杨澜玩转知识的能力让人由衷敬佩。从杨澜的经历中，我们更应该相信知识就是财富的真理。

女孩们，也许女性和男性生理上的差异使得女性占据弱势，但是假如我们能够用知识武装自己，我们不但将会变得强大起来，还会成为财富的拥有者，可谓一举数得。从现在开始就努力学习知识吧，当你的知识积累到一定程度，你一定会有惊喜的收获。

建立正确的金钱观，人生才不会偏离

现代社会，真正应了那句话，金钱不是万能的，没有钱是万万不能的。如果说处于农耕时代的人们在没有钱的情况下，还能依靠耕种在短时间内自给自足，那么处于现代的人们则无钱寸步难行。不但出门坐公交车要钱，就算在家里待着哪里也不去，点个电灯，喝口自来水，都是需要花钱的，由此不难看出，金钱在我们的生活中起到至关重要、无可替代的作用。那么，这是否就意味着我们要为了金钱不顾一切呢？其实不然。虽然金钱很重要，但是在人生中，还有很多东西都比金钱更重要，也更值得我们珍惜。

一个真正明智的人，绝不会为了金钱放弃一切底线和原则，成为金钱的奴隶。相反，他们始终秉承君子爱财，取之有道的训诫，即便很需要钱，也不会不择手段地获取金钱。遗憾的是，物质和金钱毕竟给现代社会带来了很大的冲击，很多年轻的女孩因为贪图享受，希望得到好房豪车，还希望得到很多奢侈品，因而在金钱面前失去了理智，导致人生走入了歧途。她们也许能够享受到

很多荣华富贵，最终却竹篮打水一场空，使人生的一切美好都成为镜中花、水中月，转眼之间就消失了。

不过，尽管金钱对于我们的人生有利也有弊，也无法改变金钱在社会生活中越来越重要的地位。现代社会的很多人都听说过财商，却很少有人真正理解财商的内涵。其实，所谓财商并非贪财，而是一个人对待金钱的能力和素质。财商很重要，与智商、情商相并列。从本质上来说，财商决定了人们在经济社会中是否具备足够的能力以获得好的生存。因而，作为现代社会的女孩，我们一定要多多培养自己的财商，努力提高自己的财商，帮助自己树立正确的金钱观，也帮助自己具备更强的驾驭金钱的能力。

遗憾的是，传统的观念对人们的影响依然根深蒂固，很多女性朋友在生活中羞于谈钱，似乎只要提起钱，就是可耻的，也是不足挂齿的，还会玷污自己神圣高尚的情操。然而，谁能离开金钱的作用很好地生存呢？在很多人心中，一方面是对金钱的迫切渴望；另一方面又恨不得对金钱遮遮掩掩，不愿意直接面对，最终导致自己陷入尴尬的口是心非的境地。与其如此，还不如大大方方地坦然面对金钱，这样至少能够光明正大。

很多年轻的女孩往往都是爱情至上主义者，她们情窦初开，认为只要有爱，就能战胜和超越一切。遗憾的是，现实生活是残酷的，所谓巧妇难为无米之炊，在实实在在的生活中，一文钱难倒英雄汉，没有钱的确会使人心力憔悴。说到这里，肯定有很多朋友觉得困惑，为何前文说金钱不是万能的，不能为了钱放弃一切原则和底线，后文又说金钱是非常重要的，没有金钱寸步难行，巧妇难为无米之炊呢？实际上，前后文的观点并不矛盾。综合前后文，高情商的女孩很容易就能得出一个道理，即一个人既要看重钱，重视金钱在现实生活中的重要作用，又不能唯金钱是图，更不能把金钱作为人生唯一的追求目标。总而言之，我们要适度追求金钱，也要努力主宰金钱。

小芳是个来自农村的女孩，高中三年每一天都付出了百倍的努力，才终于摆脱了黄土地，来到了外面的大千世界。原本小芳以为只要自己鲤鱼跳龙门，接下来的人生就会一帆风顺，殊不知，进入大学之后，小芳更加感受到生活的残酷。

小芳的父母都是面朝黄土背朝天的农民，供养小芳读大学，他们七拼八凑才凑够学费，根本没有多余的能力供养小芳衣食无忧。因而自从进入大学的第一天起，小芳就在为自己的生活费发愁。看着班级里那些城里的女同学，全都衣着光鲜亮丽，衣食无忧，小芳不免觉得自卑。在进入大二的时候，小芳无意间认识校外的一位男性，这位男性有个小公司，有车，在小芳眼里俨然是成功人士。然而，尽管知道这位男性已经结婚成家，有妻儿老小，小芳还是禁不住诱惑，经常跟着他出入高档餐厅、舞厅酒吧等地方。短短的时间里，该男性送给小芳很多高档时装，小芳就像飞上枝头的凤凰，变得非常时髦。其后，直到大学毕业的几年时间里，小芳一直与该男性保持暧昧的关系，该男性还为她买了套小公寓。眼看着其他同学都为了在大城市立足而奔波，小芳不免沾沾自喜：虽然付出了青春，但是自己一下子什么都有了，节省了多少年的奋斗啊！

一天，小芳正在家中休息，一个趾高气昂的女人找上门来，小芳知道自己与该男性结束关系了。她借机又向那个女人要了一笔分手费，自以为从此衣食无忧，却不想在未来的十年时间里，她因为曾经的污点，再也没有找到真心相爱的人。转眼之间，小芳已经四十岁了，在毕业十五年的同学聚会上，大多数女生都已经成家立业，而且孩子都上小学甚至初中了，只有小芳依然形只影单，孤身一人。

原本，优秀的小芳应该拥有很完美的人生，却因为她对于金钱的盲目追求，导致她失去了最美丽的青春年华，也最终贻误终生。尽管她得到了很多，诸如美丽的时装、房子、金钱，但是她失去的更多。人生短暂，很多事情都是无法重来的，更没有回头路可走。面对这样的尴尬，想必人到中年的小芳必然悔不当初吧！

曾经有位世界知名的理财大师说，金钱虽然不能代替爱情，但是爱情也同样不可能代替金钱。因而作为蕙质兰心、高情商的女孩，我们一定要理清楚金钱和爱情之间的关系，也要对金钱在人生之中的份量进行准确的定位。人生需要的东西很多，包括物质和精神方面的，缺乏了什么都会给人生带来深深的遗憾。要想使人生圆满，我们作为人生的主体，作为命运的主宰，首先应该问清楚自己的内心：到底想要怎样的人生。唯有如此，我们才能有所侧重，也才能帮助自己准确定位，最终赢得完满的人生。

以小博大，降低风险未必没有高收益

所谓靠人人会跑，靠树树会倒。作为现代社会的独立女性，我们当然要学会赚钱，也要把赚钱当成自己的伟大目标。毕竟现实生活中没有钱是寸步难行的，因而每个人把赚钱当成是人生的第一个任务，也就无可厚非。然而，赚钱并非是那么容易的，很多时候，理想很丰满，现实很骨感，我们在奔向理想的路上，常常摔得鼻青脸肿。尤其是女孩想要自主创业，更是难上加难。为了尽可能地规避风险，也为了争取万无一失，女孩在创业之前，一定要作好失败的准备。即便此时的你自信心爆棚，而且一鼓作气，勇往直前，也无法保证你百分之百能够获得成功。要知道，对于大多数创业者而言，他们从来不缺少激情，而是缺少那份脚踏实地的精神，缺少坚定不移的信念，也缺少切实可行的经验。

在初次创业的时候，女孩和很多人一样都会陷入一个误区，即觉得只有把规模做到最大，才有可能实现盈利，其实不然。的确规模越大，一旦成功，利润也会随之增大。然而，万一失败，带来的损失也必然是不可估量的。真正保险的做法，就是在小规模的情况下，实现利润最大化。等到资金充足、经验丰富的时候，再逐渐扩大规模，从而做到稳扎稳打，一步一个脚印地发展。

也许有人会说，投入少产出也少。其实，降低风险也就意味着高收益，因为降低风险，无形中就扩大了利润。总而言之，女孩初次创业，一定不要盲目贪大。唯有一步一个脚印，才能最大限度发挥自身的能力，也使得自身更加从容不迫，人生也十拿九稳。

作为一个来自农村的女孩，彤彤一直想在广东站稳脚跟，赢得自己的一席之地。刚开始时，高中毕业的彤彤因为学历不高，也没有一技之长，只能在服装厂的流水线上工作。一天下来，她不但腰酸背痛，而且整个思维似乎都因为机械枯燥的工作变得僵硬了。一年多之后，彤彤小有积蓄，因而琢磨着想要自己做点小生意。几经考察，她发现自己手里省吃俭用才积攒下来的几万块钱，根本不够做什么的。为此，她虽然心怀远大的志向，却还是告诫自己要脚踏实地。最终，她受到之前同事家里孩子围着的三角巾的启发，意识到也许可以经营一家母婴专用的零碎物品店，说不定能得到年轻妈妈们的青睐呢！

虽然一条三角巾只要几块钱，但是彤彤的店开起来之后，生意很快就火爆起来。原来，彤彤租不起一个店铺，便在繁华地段租了一个小小的门脸柜台，虽然总计只有三四平米的面积，生意却很火爆。每一个妈妈路过彤彤的小店，根本舍不得挪开脚步。随着生意越来越好，彤彤的利润也越来越高。后来，她在同学的启发下还开了一家淘宝店，专门卖三角巾等婴幼儿用品。线上和线下的同步进展，使得彤彤的利润成倍增长。就这样，彤彤顺利借助于婴幼儿的三角巾、口水巾等，挖掘到人生的第一桶金。也由此，她认识到婴幼儿用品市场的巨大利润，居然回到家乡开了一家工厂，主要负责生产婴幼儿用品，诸如肚兜、口水巾、三角巾等。如今的彤彤，俨然成了一个真正大老板。

彤彤当然是个心怀梦想的女孩，也很想在广东这个大城市博得自己的一席之地。遗憾的是，她最初不但没有资金，也没有任何经验可言。为此，她不得

不去服装厂打工，为自己积累原始的启动资金。这些钱都是彤彤省吃俭用积攒下来的，因而她丝毫舍不得浪费，精打细算，想要降低风险。为此，她大处着眼，小处着手，居然以不起眼的婴幼儿口水巾开创了自己的一番天地。成倍增长的利润，使她意识到小生意也可以有大收益，因而她马上看准时机，不但在网络上打开销路，还回到家乡成立了加工厂，真正实现了一条龙服务。由此，彤彤掀开了人生的新篇章。

虽然每个人对于人生都有着急切的渴盼，但是一口并不能吃成胖子。任何人在发展的过程中，都必然要经历一个循序渐进的过程。从最初的起步，到渐渐拥有资金和经验，再到逐步发展，直到飞黄腾达，这期间短则几年，长则几十年，甚至有可能需要花费一生。因而女孩千万不要眼高手低，而要脚踏实地，一步一个脚印，这样才能走出属于自己的人生之路。

尤其需要注意的是，千万不要小看某些不起眼的事情。尽管很多情况下，高投入才有高产出，但是只要我们拥有独到的眼光另辟蹊径，低投入高收益的小本经营也并非不存在。尤其是在创业之初，因为经济紧张，经验优先，女孩们更应该瞪大眼睛，看准兔子再撒鹰。否则，一次失败就有可能使得我们元气大伤，得不偿失。既然可以避免失败，我们当然要竭尽所能地保证成功。女孩们，你找到创业的好思路了吗？

得失之间，眼光长远的女人把握财运

一直以来，女性都给人以目光短浅的印象，很多女性朋友也的确因为眼光不够长远，导致人生受到局限。其实，倘若女性能够把心胸放开，坦然面对人生的得失，也许就不会那么睚眦必究了。

有部电影里曾经说，如果你紧紧地握住手，那么你什么也没有；如果你能打开手掌心，你也就拥有了全世界。女人总是细腻敏感，心细如发的，也因而，她们在面对生活的时候总是非常谨慎小心，缺少从容洒脱的气质。尤其是在赚钱之后，大多数女人的选择都是把钱牢牢地攥在手掌心，坚决不肯松手。从表面来看，她们的确滴水不漏，但是实际上，她们很有可能因小失大，也导致人生进入局促的境地。

小红从小失去父亲，与母亲和弟弟、妹妹相依为命。作为家里的大姐，她就是母亲的左膀右臂，因而她非常懂事，总是竭尽所能地帮助母亲养家糊口。

高中毕业后，小红虽然成绩很好，却主动放弃了考大学。她很清楚，弟弟、妹妹在几年的时间里都将参加高考，母亲根本没有能力供养三个孩子。如果说一定要有人作出牺牲，那就是她，谁让她是家里的大姐呢！

走出校园，小红一天也没有闲着，马上就在一家餐馆找到打零工的工作。其实，小红进入餐馆工作是有目的的。她想："我只是高中毕业，没有多高的学历，因而很难找到好工作。我最大的出路就是自主创业，而且应该是技术含量不高的行业，那么就是餐饮吧，毕竟民以食为天，人人每天都要吃饭嘛！"就这样，小红一边在餐馆里打工，一边努力熟悉餐馆的经营。三年过去了，有了一定积蓄的小红打定主意，租下了一间门脸房，开始自主创业。因为是新馆子，所以喜欢尝新的客人络绎不绝。小红雇用了一个重庆的厨师，菜品、小吃的味道都非常正宗，因而很快就赢得了不少回头客。然而，随着生意越来越火爆，厨师不免眼红起来，让小红为他加薪。在被小红拒绝后，厨师便开始投机取巧，以地沟油充当好油，最终导致餐馆里的很多客人吃了之后闹肚子。工商局接到举报后，马上查封了小红的饭店，小红几个月来挣到的钱全都赔进去了。原本，大家都以为小红遭到这样的灭顶之灾，肯定会一蹶不振。不想，等到三个月期满，小红再次挂起招牌，开始营业。不过，为了重新赢得顾客们的信任，她没有胡乱承诺什么，而是开业前三天一分钱不收，随到随吃。就这样

大摆三天的流水席之后，小红得到了更多顾客的支持，也表明了自己诚信经营的决心。

她还把厨房改成透明玻璃的隔断，这样一来，每一个进店的客人都能一览无遗地看到厨房的情况，自然对小红饭店的用材用料都更加放心。

在很多人眼中，一定觉得小红重新开张时三天免单的做法是疯狂的举动，毕竟她在交完工商局的罚款之后已经没有那么多的资金了。但是小红很清楚，她既然此前因为管理上的疏忽失信于顾客，就必须想方设法再次赢得顾客的信任，才能把饭馆顺利地开下去。为此，她直截了当地奔向问题的根源所在，从根本上彻底解决了问题。所以，她的新饭馆才能再次顺利开张，而且依然生意火爆。

不得不说，小红的举措是目光长远的表现。作为女孩，我们在创业初期一定要把目光放得长远一些，千万不要因为目光短浅，导致创业受到禁锢。现实生活中，很多女孩也许因为年轻，也许因为缺乏生活经验，总是无法适当地取舍。其实，赠人玫瑰，手有余香，我们要想得到他人的信任，首先应该先对他人付出。财富本来就是应该流通的，一旦失去流通，财富就会像一潭死水一样，变得死气沉沉。女孩们，如果你们也在面临创业的困境，或者在生活或者工作中遭遇到困难，不妨提醒自己站得高看得远吧！当你懂得取舍之道，你的整个人生都会因此豁然开朗。

巧舌如簧，有时也是赚钱的资本

现代社会，人际关系被提升到前所未有的高度，因而口才的好坏也变得至关重要。很多时候，一个人即便再有才华，如果像茶壶里煮饺子——倒不出来，那么他也无法展现自己的才华，也便埋没了自己的才华。

不可否认，现代社会的每个人都是群体的人，都无法脱离他人而生存。在社会生活中，人与人之间的关系越来越密切，人际交往也越来越频繁。不管是在生活中还是在工作中，人际交往都是必不可少的，唯有处理好人际关系，我们才能如鱼得水，游刃有余。而且，在现代社会的各行各业中，交流都变得非常重要。有的时候，口才的好坏直接决定了我们的生活是否幸福，以及事业发展的高度。

现实生活中，有很多女性朋友都特别注重“面子工程”。她们不惜花费宝贵的时间，捯饬头发，化精致的妆容，也花费重金为自己购买昂贵的时装。然而她们却忽略了一点，即外表上的完美尽管让人赏心悦目，和谐融洽的语言交流更能给他人留下良好的印象。尤其是在竞争激烈的生意场上，巧舌如簧的女性反而能够抓住他人的吸引力，从而为自己赚钱。不得不说，和木讷寡言的女人相比，巧舌如簧的女孩更多了赚钱的资本。

老方来自河北农村，学历只有高中毕业。刚到北京时，他非常胆怯害羞，甚至不知道如何介绍自己。因而，每次找工作面试，木讷寡言的他总是遭到拒绝，最终他不得不在一家保安公司里当一名保安。和老方结伴来北京的还有他的一个老乡，也是他的同学，名叫李若。和老方相比，李若无疑口才绝佳，简直能把死的说成活的。就在老方为了找工作焦头烂额时，李若已经凭着三寸不烂之舌进入一家公司，当了白领。看到口才具有如此大的魔力，老方不由得惊讶万分，他渐渐意识到：我也应该提升自己的口才，让自己巧舌如簧。

在接下来的日子里，不管是在生活中，还是在工作中，老方总是有意识地锻炼自己的口才，甚至在小区门口遇到业主，也会和业主闲聊半天。渐渐地，小区里的业主都认识老方了。有个业主是一家房产公司的老板，居然主动邀请老方去他们公司工作。就这样，老方顺利完成了跳槽。不过，接下来的房产销售工作，显然使老方面临更大的挑战。原来，老方的新工作就是向客户介绍和推销房子，那么这必然要求他具备更好的表达能力，还要有超强的与人沟通能力，甚至还要有不露痕迹的说服他人的能力。为此，老方始终毫不厌倦，更加

持之以恒地锻炼自己的沟通能力。随着工作经验的增加，老方最终成为公司里的销售冠军。年终会上，老板亲手给他发了个大红包，还当着所有员工的面说："方思远，继续努力吧，我相信自己看对了你！"

在这个事例中，老方自身的条件其实是很平庸的，前期因为笨嘴拙舌，他甚至连一份像样的工作都找不到。幸好后来他从同学李若的身上得到启发，开始有意识地提升自己的语言表达能力，最终做到能说会道，巧舌如簧，从而也使得自己的人生进入了新的阶段。

现代社会，不会说话的闷葫芦已经无法适应社会的需求了。他们就像是无声的留声机，尽管一直不停地转动，却失去了存在感，也无法让任何人对他们感兴趣。尤其是在信息大爆炸的今天，信息的传递不仅依靠网络和媒体，也要依靠人们的口耳相传。有好口才的人，才能在社会中吃得开，也才能得到他人的认可和欣赏，从而最大限度地成就自己的人生。

看到这里，也许有些女孩会很发愁：我原本就不喜欢说话，也不太会表达，这可怎么办呢？其实，在所有巧舌如簧的人中，只有少部分人的良好的表达能力是天生的，大多数人并非生而就能说会道，而是通过后天的不断努力，抓住日常生活中的每一个机会积极锻炼，才能让自己的舌头变得越来越灵活，也才能让自己说出来的话更容易被他人接受。女孩们，假如你们也想拥有更多的赚钱资本，就从现在开始努力提升自己的表达能力吧！要相信，你的语言表达能力和你的赚钱能力，一定是成正比的。

所谓销售，就是把自己推销出去

很多人在创业过程中都把一个问题本末倒置了，即他们以为最重要的是自己的产品质优价廉，当然，这的确也是创业成功的必备条件之一，但并不是首要条件。一个人要想获得事业的成功，首先应该把自己推销出去。这也是很多销售人员的口号，销售，就是把自己推销出去。为什么这么说呢？古代社会，人们之间的交易不那么频繁，靠的就是人与人之间的信任，因而得到他人的信任是达成交易的先决条件。现代社会，酒香也怕巷子深。假如一个创业者不懂得营销，是很难闯出一片属于自己的天地。很多时候商机转瞬即逝，根本容不得我们细细思索。在这种情况下，我们必须及时调整自己的思路，顺势而为，把自己推销出去，如此才能抓住千载难逢的好机会，成功发展自己的事业。

对于女性而言，生活的压力更大。很多女性性格谦和，为人低调，并且把这种美德也带到了创业过程中。殊不知，在这个广告狂轰乱炸的年代，一味地低调并不能使人们认可你，反而会导致你最终被埋没。现代社会，任何事业想要获得成功，都要讲究营销的手段，尤其是首先要把自己作为品牌的代表推销出去。这也是为什么很多大明星、大富豪都高调做公益的原因。他们全都深谙销售之道。

其实，并非只有现代社会才需要推销，早在春秋时期，很多游说各国的门客，就是在推销自己。他们往往凭借三寸不烂之舌就得到国君的重任，国君也非常信任他们，甚至把国家安危都寄托在他们身上。从这个角度来说，这些门客无疑是推销的鼻祖，而且是践行推销真谛的先锋大军。

三年来，作为平原君的门客，毛遂始终无声无息，从未施展过自己的才华。直到有一次，秦国进攻赵国，围困了赵国的都城邯郸。赵王无奈之下，只好派出平原君向楚国求援。这次任务能否圆满完成关系到国家的安危，因此平原君赶紧召集门客们共商大计，并且决定选出二十名足智多谋的门客随同他一起去楚国游说。尽管平原君门下门客众多，但是最终只挑选出十九个门客。

正当平原君感到无计可施的时候，毛遂主动请缨："我愿意跟随平原君一同前往楚国。"

平原君看到是默默无闻的毛遂，不由得大失所望，因而委婉拒绝道："你已经来到我的门下三年了，始终悄无声息，也没有任何功绩。由此可见，你毫无出色之处。这就像是把锥子放进口袋里，锥子一定会钻出口袋，使人瞩目。事实证明你毫无过人之处，我怎么能带你出使楚国呢？"

听了平原君这番话，毛遂毫不气馁，为自己辩解道："您的所言并不完全正确。假如我就像锥子一样从未放进口袋里，又如何从口袋里钻出来呢？假如我真的在口袋里，一定会整个儿都钻出来。"毛遂的话不无道理，再加上毛遂始终镇定自若，平原君便把他作为第二十个门客召集起来，连夜赶往楚国。

清晨十分，平原君一行刚刚到达楚国，马上就拜见楚王商量为赵国解围的事宜。然而，谈判进行得很不顺利，从早晨到中午始终毫无进展。除了毛遂之外，十九个门客都急得如同热锅上的蚂蚁，却无计可施。只有毛遂仗剑，大步流星地来到楚王身边，对楚王慷慨陈词，而且以利剑相逼，最终迫使楚王答应出兵，并且当即与平原君结盟。

此事之后，平原君感慨万千："毛遂真的很伟大啊！他仅凭三寸不烂之舌，就能战胜百万大军。幸好他毛遂自荐，否则我就错失了一个人才。"

不得不说，毛遂对自己的推销非常成功，可想而知，他在说服楚王出兵援赵之后，人生必然完全不同。假如毛遂当初没有主动请缨，请求和平原君一起出使楚国，也许他会在很长的一段时间里依然继续默默无闻，甚至也很有可能因为错过这次机会，再也没有展示自己才华的时机。所谓时不待我，女孩们，虽然我们不是毛遂，也没有机会面临平原君的集结，但是人生短暂，很多事情是经不起等待的。尤其是在创业途中，好机会转瞬即逝，也许我们稍一耽误，就会错失良机。所以，任何时候都不要盲目等待，要记住天上是不会掉馅饼的，我们唯有做到最好的自己，并向别人证实自己的实力，才能得到别人的赏识和青睐。

很多女孩因为腼腆，很不好意思推销自己，总怕涉嫌老王卖瓜，自卖自夸。其实，夸奖自己真正的优点和长足没有什么不好意思的，最重要的是我们首先要调整好自己的心态，才能不卑不亢地推销自己。很多时候，我们眼睁睁地看着别人获得成功，难道他们一定比我们优秀吗？答案是不一定。也许，他们只是比我们更善于推销自己而已。只要我们勇敢迈出推销自己的第一步，也就离成功更近了一步。女孩们，行动起来吧！

第11章

缘分到了，爱情才能水到渠成
——谈情说爱也需要火眼金睛

曾经有人说，爱情是造物主赐予人类的最美好的礼物。的确如此，不管是在现实生活中，还是在影视剧中，爱情都带给人们最神奇的感受和体验，也使人感受到幸福。虽然各个女孩从小就有个公主梦，也希望自己是灰姑娘能够遇到白马王子，但是未必每个女孩都能找到心仪已久的爱情。归根结底，情商高的女孩才能获得美好的爱情，情商低的女孩则常常在爱情中受到折磨。

慧眼识人，让恋爱遇到对的人

很多女孩在遭遇爱情的危机时，常常抱怨自己当初瞎了眼，看错了人，把爱情不幸的原因都归结于没有看清楚对方的真面目。归根结底，对方的真面目始终没有改变，只是因为我们没有火眼金睛，更没有慧眼识人。

人是非常感性的动物，尤其容易受到第一印象的蒙蔽。在爱情之中，我们往往更加关注对方的外在条件，诸如对方的身材是否高大、相貌是否英俊，以及很多客观的经济基础，诸如家庭条件如何，工作是否有前途等。对于爱情真正需要考察的本质内容，诸如对方的人品、性格、道德、为人处世的风格、价值观等，我们却无法在第一时间就形成准确的印象。因为这些隐藏的深层次内容，都需要我们花费更多的时间深入观察和了解对方才能透彻了解。特别是在恋爱的过程中，不管是男人还是女人，都会有意识地隐藏缺点，表现出最优秀的一面，这样一来爱情就显得更加美好，女孩也会因为怦然心动的感觉导致情人眼里出西施，即便发现对方的缺点，也觉得是可爱的、可以接受的。

然而，爱情不会永远都让人心醉神迷，从最初的激情到渐渐地回归到现实生活，女孩不再情迷意乱，而是恢复理智和平静。此时，对方在她眼中的那些优点，渐渐褪去光芒，反而是此前不引人注意的缺点，全都变得醒目起来。假如没有足够深厚的感情基础，能够彼此包容和忍让，爱情也许就会戛然而止。

作为一名“三高”剩女，亚楠一直对爱情充满憧憬，虽然她已经三十岁了，但是对待爱情还如同十几岁的少女一般纯真。一个偶然的机会，亚楠在网络上邂逅了一个名叫斯通的男性。斯通自称是一家公司的中层管理者，有房有车，但是唯独缺少爱情的滋润。他们一见如故，相谈甚欢，亚楠很快就喜欢上了风趣幽默的斯通。

没过多久，亚楠就在一家高级西餐厅与斯通进行了第一次约会。见到高大英俊的斯通，亚楠不由得怦然心动，认定了对方就是自己的真命天子。此后的日子里，他们的感情急速升温，斯通更是经常体贴入微地送礼物给亚楠，使得亚楠无数次幻想，如果自己能够成为斯通的妻子，该是多么地幸福和幸运啊！

后来，斯通有好几天没有联系亚楠，亚楠不由得着急起来，打电话询问斯通发生了什么事情。电话里，斯通吞吞吐吐，似乎有什么难言之隐。在亚楠的再三追问下，他才说：“最近，我和朋友一起开办了一家公司。不过，这几天周转资金有些困难，我正在四处筹钱。你乖乖的，我过几天就去看你。”亚楠怎么能任由自己的爱人为了钱着急，自己却无动于衷呢？她马上说：“有困难，你怎么不告诉我呢？难道我不是你最亲近的人吗？你把卡号告诉我，我有三十万积蓄，都给你用。”斯通再三推辞，亚楠坚决要立即转账，斯通却说：“我的账户是公账，这样吧，你取出现金，我过去取一下，因为我正好要给一个大客户现金作为订金。”亚楠没有多想，当即和银行预约，取出了三十万现金给斯通。出乎亚楠的意料，从此之后，斯通就像是人间蒸发了一样，再也没有任何消息。此时，亚楠才发现自己既不知道斯通的工作单位在哪里，也不知道斯通的家在哪里，唯一知道的斯通的手机号，已经再也打不通了。

现代社会，利用网络恋爱进行经济诈骗的不在少数，很多纯情的女性因此上当受骗，导致身心都受到伤害，经济上也蒙受严重损失。对于这样的现状，如何才能避免呢？其实也很简单，毕竟网络上的恋爱并非都是骗局，我们不能由此一朝被蛇咬，十年怕井绳，所以最根本的解决之道还是要学会辨识之道，练就自己的火眼金睛。

实际上，只要我们在恋爱中不浮躁，更多地关注对方的内在品质和涵养，也许就能避免被表面蒙蔽。尤其需要注意的是，对于对方一闪而过的很多缺点，千万不要掉以轻心。虽然我们不能只盯着对方的缺点看，但是我们也要保持清醒和理智。尤其是对于网络上认识的异性，更要提高防范意识，注意保护自己。所谓路遥知马力，日久见人心，小心谨慎肯定是没错的。总而言之，女孩在恋爱中一定要慧眼识人，了解自己所爱的人。即便是在恋爱过程中，也要保持敏感细腻的心，千万不要因为在爱情中沉迷，伤害了自己。

最优秀的未必最合适，鞋子合脚最重要

在《灰姑娘》这个故事里，王子拿着灰姑娘遗落在舞会上的水晶鞋，四处寻找灰姑娘。灰姑娘后妈的大女儿、二女儿为了穿上这只水晶鞋，甚至把脚割去了一部分，但是依然无法让这只水晶鞋适脚。由此可见，鞋子合不合脚，只有脚知道，自己也无法勉强自己。因而，很多人也把婚姻比喻成鞋子，告诫人们在选择所爱的人时，一定要符合自己的需求，因为鞋子是否合脚，只有自己知道。的确，为了面子，为了享受，为了各种各样牵强附会的原因选择不适合自己的爱人，这种情况是很常见的。

在寻觅爱情的道路上，很多女孩都走了弯路，或许因为标准定得太高，或许因为对自己的人生缺乏准确定位，她们非要找到最光鲜亮丽的另一半，才肯嫁出去。实际上，这个世界上根本没有十全十美的人，而且，婚姻并非是简单的匹配，即便是最优秀的人，也不一定能够赢得幸福完美的婚姻。因而在面对婚姻时，最重要的是是否合适，而非是否足够优秀。想明白这个道

理，女孩们才能以更加端正的态度面对爱情，也才能找寻到真正适合自己的婚姻。

早在高中时期，意涵就和同班同学张伟开始了恋爱。后来，他们一起考入北京的某所大学，也正式公开了恋爱关系。在整个大学期间，他们的恋爱关系都进展顺利。大学毕业后，意涵进入一家外企工作，张伟则当了高中老师。起初，他们虽然分隔两地，但是依然保持着联系，感情也还很深厚。但是随着时间的流逝，转眼之间两年过去了，张伟迫不及待地想要结婚，意涵却由于事业正值发展阶段，根本不想放弃事业回到家乡，更不想自己的人生从此之后就按部就班。渐渐地，她与张伟产生分歧，最终张伟和本校的一位女老师谈起恋爱，很快就走入了婚姻的殿堂。

尽管意涵感到失落，但是也意识到她和张伟也许根本不是同路人。为此，她选择忘记张伟，努力打拼事业。一晃之间，五年的时间过去了，意涵已经成为公司高管，已经到了而立之年的她，得到一位成功男士的追求，终于在32岁时，成功把自己嫁出去。她不但与丈夫在感情上彼此忠诚，在生活上相互照顾，在事业上也携手并肩，共同前进，可谓珠联璧合。

在这个事例中，虽然意涵和张伟是青梅竹马，但是感情的发展终究不受人们的控制。尤其是当两个人的人生观、价值观不同的时候，则更容易导致两人分道扬镳。在这种情况下，与其相互勉强在一起，不如努力调整自己的心态，学会放手，给予对方和自己更多的自由。对于任何人而言，最优秀的都未必是最合适的，我们只有选择最合适的人相伴一生，才能得到真正的幸福。

从古至今，女孩们在寻找人生伴侣的时候，总是情不自禁地奔着“最优秀”而去。殊不知，无论是爱情还是婚姻，最优秀的人未必能够给予你幸福，唯有最合适的人生伴侣，才能让你感受到真正的幸福。因而，高情商的女孩不会以“高富帅”作为自己寻找人生伴侣的唯一标准，也不会以“事业有成”作为衡量男性是否适合自己的标准，而是会选择“最适合自己的”异性牵手一生，共度一生，执子之手，与子偕老。正因为鞋子是否合脚只有脚知道，所以我们才要更加遵从于自己内心的感受，绝不要有一丝一毫的委屈和折中。

不要认为他是坐怀不乱的柳下惠

也许是因为天性使然，很多恋爱中的女孩都非常敏感细腻，也缺乏安全感。因此，对于自己投入深爱的男友，她们总是不确定自己到底得到了男友多少爱的回报，更不知道男友是否会因为其他女孩更年轻漂亮妖娆而意乱情迷。为此，她们总是怀疑男友对自己的爱，始终充满着不确定感。当然，也有些女孩是为了验证自己是否真的有足够的魅力，让男友对自己死心塌地，最终这些女孩都做出了同样的举动，那就是考验男友。如果是采取适时适度的考验也还罢了，但是偏偏有些女孩的考验让人接受不了，因为她们不但出格而且过分，最终导致男友真的心烦意乱，甚至对其他女生投怀送抱。在这种情况下，女孩们全都欲哭无泪、追悔莫及，却也为时晚矣。

小翠是个非常漂亮的女孩，身材高挑，皮肤白皙。然而，自从开始恋爱，她似乎就失去了自信。原来，小翠的男朋友李刚是个典型的钻石王老五，不但有自己的家族企业，还有着哈佛大学的学历，和那些只有钱的空皮囊富二代截然不同，是个货真价实的“高富帅”。

面对这样的男友，小翠当然缺乏安全感，她不仅要求李刚每天都对自己说“我爱你”，更是在深思熟虑之后，派出自己的闺蜜若曦色诱李刚，从而起到极度考验的作用。若曦也是个美人胚子，最重要的是若曦的性格乐观开朗，风趣幽默，和温柔娴静的小翠截然不同。按照小翠的计划，若曦事先埋伏在李刚经常经过的地方，装作偶然邂逅，然后再对李刚展开猛烈攻势。若

曦进展得很顺利，很快就得到李刚的邀请，开始与李刚一起进餐，或者打保龄球。眼看着李刚渐渐上钩，小翠很伤心，也很愤怒。若曦觉得应该适可而止了，小翠却强烈要求若曦继续推进，她想看看李刚到底会背叛她到什么程度。

殊不知，此时此刻不但李刚对若曦产生了好感，若曦作为单身女孩，当然也不会对这样的钻石王老五无动于衷，尤其是这个钻石王老五还和若曦一样有着国外留学的背景，很多观念都很接近，简直有相见恨晚的感觉。在小翠的坚持下，他们最终一发而不可收拾，深深坠入了爱河。此时的小翠，不但要面对男友的背叛，更要面对自己最好闺蜜的背叛，简直痛不欲绝。

在这个事例中，小翠显然犯了过度考验的错误。常言道，天下没有不吃腥的猫。不管是男人还是女人，在面对优秀的异性时，都会有怦然心动的感觉。尤其是若曦在小翠的安排下有意识地接近李刚，诱惑李刚，李刚怎能不心动呢！其实，这个世界上根本没有坐怀不乱的柳下惠，作为高情商的女孩，要想与自己的爱人幸福长久，我们不能频繁地过度地考验自己的爱人，更要学会尽量避免诱惑的出现，并更加用心地经营彼此间的感情，不给任何外来势力任何入侵的机会。从这个角度而言，婚姻就像是一场战争，任何时候都不要给敌人趁机而入的机会。

无可否认，生活中的确是存在很多意外情况的。然而，更多的时候，生活是平淡的。包括曾经绚烂的爱情，最终也会回归到脚踏实地、油盐酱醋的现实生活中，根本不可能始终轰轰烈烈。这样一来，假如低情商的女孩总是以各种拙劣的手段考验男友，给男友带来严重的困扰，男友必然会因此感到厌烦，甚至使爱情由浓转淡。我们只有采取积极的方式经营爱情，才能获得梦寐以求的幸福。

风花雪月也会敌不过柴米油盐

每个女孩心里，都有一个瑰丽的公主梦，这也是现在很多女孩都喜欢追求浪漫爱情的原因。她们渴望遇到梦中的白马王子，渴望坐在王子的马车里一起纵横驰骋，渴望与王子享受浓烈灼热的爱情。然而，无论多么轰轰烈烈的爱情，最终都会落实到生活的柴米油盐酱醋茶上，回归到平静的、平平淡淡的生活之中。在日久天长里，风花雪月终究抵不过柴米油盐，一切的爱情都要从绚烂归入平淡，也要成为最美好的人生景象。

很多低情商的女孩会纯粹地爱情至上，以为只要拥有爱情就拥有一切。高情商的女孩却知道，不管是爱情还是物质，都缺一不可，只有建立在现实基础上的爱情，才能实现真正的浪漫。由此可以得出一个结论，爱情与面包双丰收的人生，才是浪漫的人生。

恋爱时，玛丽即使要天上的星星，林峰也会想法设法地给她摘来。结婚之后，玛丽依然养尊处优，林峰整日忙忙碌碌，有了孩子之后更是又当爹又当妈，不但要照顾孩子，还要照顾十指不沾阳春水的玛丽。

渐渐地，林峰对于玛丽不再那么好了，甚至很有些嫌弃的意味。一天，因为孩子发烧，林峰带着孩子去儿童医院输液，回家之后天色已晚，又冷又饿又累的林峰发现家里冷锅冷灶，连口热水都没有，不由得冲着玛丽大发雷霆：“孩子生病了，你不知道吗？你为什么不能烧点儿热水，给孩子做口热

饭呢？你配当妈吗？你配当妻子吗？你赶紧给我滚吧，这个家有你还不如没你呢！”

玛丽委屈极了，一直以来都是林峰做好饭给她吃，她从来没有自己做过饭。现在，对她言听计从、呵护备至的林峰居然让她滚，她一气之下就回到了娘家。知道事情原委后，妈妈也生气地说她：“你呀，不怪林峰骂你，你简直是太过分了。你说说，自从你们结婚之后，一直是林峰伺候你。没有孩子的时候也就罢了，有了孩子他一个人能照顾得了俩吗？孩子不生病也就算了，还好带一些，孩子生病了，林峰带着孩子去医院，你在家里照样当娘娘，你真是不配当妈，不配当妻子啊！你要是不好好改改你这娇生惯养的坏毛病，别说林峰嫌弃你，孩子长大了也会抱怨你的。家是什么，家就是妈妈的味道，你有味道吗？你能做出来有味道的饭菜吗？家里应该处处都有妈妈的影子，你却给家留下了太少的痕迹。你现在一气之下回了娘家，人家林峰一个人带着孩子反而更轻松，因为不用照顾你了！”妈妈的话使玛丽羞愧不已，也开始认真深刻地反省自己对于婚姻的态度和在婚姻中扮演的角色。

玛丽当然离不开林峰和孩子，最终，她下定决心改变自己，从最简单的煎鸡蛋开始，最终成为了一个色香味俱全的好妈妈，也给了林峰浪漫之后充满烟火气息的人间爱情。

爱情不管多么浪漫，最终都要落实到实实在在的生活中，落实到柴米油盐酱醋茶的人间烟火中。当然，也并非说生活不需要浪漫，但是生活更需要脚踏实地。一个高情商的女孩，会把浪漫和现实结合起来，从而更好地实现人生的幸福计划。

总而言之，高在云端的爱情终究要落实到地面上的婚姻中，不管你对浪漫嗤之以鼻，还是对烦琐的生活无计可施，也或许你正徘徊在浪漫和现实之间，女孩们，你们都必须学会平衡这些微妙的关系，才能如愿以偿地得到幸福。可以说，现实和浪漫，就像是人的肉体和精神，一个人只有灵肉合一、心神合一，才能拥有完美的人生。同样的道理，婚姻和爱情也必须将现实和浪漫结合起来，要在顾全现实的基础上兼顾浪漫，才能获得真正完美的幸福生活。

爱情不是无私奉献，而是真诚地付出

在爱情到来之际，女性往往比男性更容易失去理智，不顾一切地跳入爱河之中，似乎整个天地都不复存在一般。为爱昏头的女性眼里只有爱人，其他一切都看不到也听不到，甚至连智商都降低了。因此有人说，爱情就像重感冒，使人头昏脑涨，不知所以。

难道把自己的整个身心都迫不及待地交给男人，就是爱的证明吗？其实不然。一个高情商的、理智的女孩会知道，假如自己都不爱自己，也就得不到别人的爱。因此，她们在爱情之中总是有所保留，留下一部分能力和热情来爱自己，从而也得到异性更多的尊重与爱。这才是理智作为。

现代社会的女性不同于传统女性，我们已经走出了家庭，走入了社会，也拥有了自己的事业，能够独立生活，所以具备独立的人格。这样一来，在爱情之中，我们也应该注意保持独立性。否则，一个女孩面对爱情时若失去原则和底线，必然也会让对方看低。就像张爱玲，曾对胡兰成爱得死去活来，刚刚与胡兰成相爱，就说自己在尘埃里绽放。如此毫无保留的爱，除了让胡兰成不够珍惜和尊重她之外，对于他们之间的感情没有任何的促进和帮助。最终，胡兰成对张爱玲毫不珍惜，不但背着张爱玲娶妻，而且觉得毫不愧疚。最终，张爱玲在遍体鳞伤的情况下与胡兰成分手。作为一代才女，张爱玲在爱情上无疑是失败的。

小蕊是个善良内向的女孩，工作几年之后，在朋友的介绍下，她认识了杜

威。小蕊从未谈过恋爱，杜威是她的第一个男朋友。面对杜威的殷勤，小蕊很快缴械投降，和杜威陷入爱的旋涡中。

不过，小蕊和杜威是有差距的。小蕊是个中专生，工作安稳；杜威呢，尽管目前来看很稳定，但是本科毕业的他一直不甘心于留在这个小县城，所以他始终在努力考研究生，想要走出县城，打开人生的新天地。爱情总是铺天盖地而来，使人无暇招架，认识几个月后，小蕊意外地怀孕了，这时，恰巧杜威的研究生录取通知书也来了。毫不知情的杜威对小蕊说："我要去上学了，等到我站稳脚跟，再来接你。不过，如果你觉得等不了那么长时间，你就忘掉我吧。"听到杜威这么说，聪慧敏感的小蕊当然知道杜威心里是想分手的，倔强的她没有告诉杜威自己怀孕的事情，而是一个人偷偷去医院做人流。但是医生却告诉她："你这一生，只有一次怀孕的机会，很难再第二次怀孕了。"小蕊如同遭遇晴天霹雳，左右为难，不知道如何是好。经过无数次思量，她最终决定留下孩子。可想而知，作为一个单亲妈妈，她的人生之路有多么难，有多么苦。

在这个事例中，小蕊为了杜威怀孕了，又为了杜威的前途选择了隐瞒，最终成为一个未婚的单亲妈妈，备尝生活的艰辛。其实，这样无私的付出不但对于小蕊不公平，对于杜威也未必就一定好。每个人都要学会承担自己行为的后果，哪怕这后果注定要付出惨重的代价。小蕊对杜威的爱，就像是溺爱孩子的父母，最终把孩子宠得无法无天。杜威有权知道真相，也许他会选择离开，也许他会选择留下，那都是他对爱应该承担的责任。

女孩们，千万不要为了爱付出一切。现代社会，人们对于性的观念有了很大改变，因而很多年轻的男女都追求时髦，义无反顾地投入"未婚同居""试婚"的大军中。殊不知，未必所有的男性都能为自己的行为负责，更不乏有些男性靠着这些时髦的借口占尽女性的便宜。因而作为女孩，我们一定要学会保护自己，更不要为了不值得的男人付出一切。记住，我们唯有爱自己，才能有所保留地爱别人，也才能得到别人的爱。

花开堪折直须折，莫待无花空折枝

现代社会，剩女越来越多，有一个现象引人深思：大多数剩女并非是因为自身条件不好才剩下来的，而是因为自身条件很不错，导致择偶标准急速升高，最终高不成低不就，错过了最佳的婚恋年龄，成为了剩女。相反，那些自身条件并不出色的女孩，反而更加务实，在寻找人生伴侣的时候要求也不会虚高，因而顺利找到合适的如意郎君，把自己嫁出去，开始了平淡幸福的生活。其实，每个女孩的青春时光都是非常短暂的，即便自身情况再好，诸如那些“白骨精”们，也都应该采取务实的态度面对爱情。也许有些女孩会死鸭子嘴硬，说自己作为“单身”享受充分的自由，其实这只是她们为了掩饰看到身边的女孩们全都幸福地走入婚姻殿堂而产生的苦涩而已。

女孩们，假如你也是剩女，一定要找出原因，从而做到有针对性地解决问题。假如你自身条件很优秀，但是始终没有找到合适的人，那么你就要反思是否自己要求太高，导致高不成，低不就呢？假如你自身条件一般，而且工作环境闭塞，那么你就要借助于各种机会帮助自己扩大人脉圈子，也许你的白马王子正在某个角落里等待你的出现呢！假如你曾经遇到合适的人，却在恋爱过程中导致爱情夭折，就要反省自己是否很难相处，是否需要适度地改一改自己的脾气秉性，让自己变得更加和善可亲一些……总而言之，我们唯有不断反思自身，总结经验和教训，才能更加有的放矢，为自己的寻爱之路铺平道路。

人生苦短，转瞬即逝，尤其是宝贵的青春时光，更是时不待我。女孩们，我们一定要在人生最美的年纪，遇到对的人，才能拥有美好的爱情。记得有人说，一定不要错过爱自己的人。可以说，在对的年纪遇到对的人，来一场轰轰烈烈的爱情，是人生中最大的幸运。而这一切，实际上都掌握在我们自己手中。正如一首古诗所说的，花开堪折直须折，莫待无花空折枝。流年似水，昭华易逝，千万不要让爱情擦肩而过。

在爱情之中，豆豆从来不是一个主动的人。大四开始，她就默默地喜欢一个男生，但是最终随着毕业临近，她也没有表白，终于在毕业之后彼此分道扬镳，各奔前程。

工作一年多，豆豆又遇到一个自己喜欢的人，刚刚工作的她知道职场爱情一定会死得很难看，因而始终压抑自己的感情，即便对方向她示好，她也表现出无动于衷的样子。又是两年过去，豆豆眼睁睁地看着那个男性结婚成家，心痛如绞。这时，豆豆下定决心在爱情再次到来时，一定要竭尽所能地抓住爱情，然而，豆豆根本没想到爱情第三次居然会以这种形式出来。豆豆爱上了一个有妇之夫。她是一个传统的女孩，深知这样的爱情既不被接受，也得不到祝福，而且根本没有结果。就这样，作为助理的她一直默默地看着那个男人，在那个男人调动到外地任职时，她作为助理也义无反顾地跟随。当然，这一切都是因为工作原因，并没有引起任何人的怀疑。直到五年之后，豆豆已经成为年近四十的剩女，那个男人也终于把妻儿老小接到身边团圆，豆豆依然形单影只。每逢放假，别人都盼着假期长一些再长一些，豆豆却总是希望赶快上班，这样她就可以看到那个熟悉的身影，和他朝夕相伴。对于这份苦恋，豆豆心中无比苦涩，却无法排解。

在四十岁生日那天，豆豆下定决心向总公司递交了调动申请，她要换到一个陌生的、没有他的地方，一切重新开始。

事例中的豆豆缺乏对爱情的主动，因而几次三番地错过爱情。在爱上一个不该爱的人之后，她又因为缺乏决断力，最终导致自己青春不再，人生荒废。如今已经四十岁的豆豆还能找到真爱吗？没有人能保证，一切只能遵从天意。

花开堪折直须折，莫待无花空折枝。事例中的豆豆是因为羞涩和被动，以致与爱情失之交臂。现实生活中，还有很多女孩都是因为这山望着那山高，最终导致青春流逝，心无所托。其实，这个世界上没有绝对完美的异性，退一万步而言，就算有完美的异性，并且最终被你找到了，也未必能够给你幸福。在人生的路途中，当我们遇到让自己怦然心动的人，只要觉得对方适合自己，就应该果断出击。幸福的机会转瞬即逝，我们必须勇敢出手，才不会留下遗憾。当然，也有很多女性朋友是因为对婚姻的恐惧，导致总是不敢走入婚姻。其实，任何事情都是有风险的，当我们勇敢地踏出第一步后，很有可能发现一切并不如想象中那么可怕，甚至还很美好，会给我们全新的感受和体验。因此，女孩们，尽管我们不提倡早恋，但是在适宜的时候，还是勇敢地投入爱情吧，很多时候爱情的确需要飞蛾扑火的精神，年轻嘛，肆意爱一回并无不可，谁说轰轰烈烈的爱就一定不幸福呢！

岁月无情，人生中的很多东西都转瞬即逝。现代社会讲究男女平等，与其被动等待爱情的降临，不如努力追求自己想要的幸福，这样才能主宰命运，把握人生，也才能尽情享受幸福！

第12章

聪明女孩懂得婚姻的经营之道
——婚姻是一门深奥的课程

有人说，婚姻是女人的第二次投胎。所谓第一次投胎，就是出生。出生时，我们每个人都无从选择，只能听凭命运的安排。相比于第一次投胎，第二次投胎显得更加重要，因为第二次投胎往往决定了我们一生的幸福。最重要的是，第二次投胎是我们可以有意识选择的，因而也就显得更加神圣，更有意义。假如我们在选定了婚姻之后，能够用心经营，用爱相守，那么我们的第二次投胎一定能够带给我们幸福、快乐的人生。

幸福婚姻，离不开女孩的用心经营

不管是男人还是女人，在出生的时候都无从选择，只能听凭命运的安排。我们命中注定要有怎样的出身、父母和家庭，因此我们前半生的命运几乎从我们出生的那一刻，就已经无法改变了。但是，当我们逐渐长大成人，开始面对自己的人生，也有了自己的主见决定自己的人生，我们会发现后半生的命运其实掌握在我们自己手里。尤其是对于女孩而言，婚姻是否幸福，往往关系到后半生的命运，因而女孩更需要擦亮眼睛审视爱情，也需要认真审慎地选定自己的爱人，更需要在步入婚姻之后用心经营。

一段完满的婚姻，会赋予女孩全新的生命，把女孩从少不更事的少女，变成成熟有韵味的少妇，由此开始一段更加完美的人生旅途。当然，选定合适的人生伴侣只是迈出婚姻幸福的第一步，最重要的是，我们在与所爱的人走入婚姻之后，还要懂得付出爱，付出努力，用心经营。很多人都说婚姻是爱情的坟墓，就是因为他们在经营婚姻的过程中，发现爱情渐渐在柴米油盐酱醋茶中消耗殆尽，曾经的浪漫美好也不复存在，取而代之的无数琐事引发的争吵，在这种情况下，还有何幸福可言呢！

提起经营婚姻，很多感情专栏的作家都曾经对于婚姻有过解读。然而，就像这个世界上绝没有两个完全相同的人一样，这个世界上也绝没有两段完全相同的感情。任何时候，我们都必须从自身的感情经历以及婚姻状况出发，才能

找到最好的解决方案，给婚姻带来幸福美满，带来快乐自由。

自从有了孩子之后，小娜的婚姻就陷入了水生火热之中。以前没有孩子，他们夫妻俩都是月光族，每个月发了薪水就去狂欢，想买什么就买什么，虽说没有到完全财务自由的地步，但是也从未因为经济紧张导致捉襟见肘。但是自从有了孩子，孩子的奶粉和纸尿裤钱，就是一笔巨大的开支，即使小娜节衣缩食，也感到经济压力倍增。为此，她不停地抱怨老公挣钱太少，而且对于生活完全没有规划。由于这个孩子的到来完全是计划外的，她甚至抱怨老公只顾一时享乐，完全没有预计到后期的种种麻烦。在一次次的抱怨中，他们的夫妻感情越来越差，老公为了躲避小娜的抱怨，常常借口公司加班夜不归宿。小娜更是一气之下，抱着孩子回了娘家。

妈妈听完小娜的抱怨，语重心长地说："小娜，男人其实也和孩子一样，在婚姻中你有两个孩子，一个是襁褓中的婴儿，一个是你的丈夫。假如你找不到好方法和男人相处，就会导致婚姻处处碰壁，甚至解体。你可曾想到，在你因为多了这一个小人儿焦头烂额的时候，对方也同样焦头烂额，甚至还因为陡然增加的经济压力承受了更大的压力。这个时候，你要鼓励他，不要抱怨他，毕竟孩子也不是他一个人生出来的，对吧！"妈妈的话使小娜知道，女人在婚姻中的责任是分担，而不是抱怨。她改变心态，带着婴儿回到老公身边，开始改变策略。每天，除了照顾小小的婴儿之外，小娜还把家里打扫得干净整齐，甚至还想法设法地挤出时间来做出一桌可口的饭菜，等着老公在外辛苦一天之后回家享用。而且，她每天都能发现小小婴儿进步的地方，迫不及待地告诉老公，与老公分享小生命进步带来的欣喜和希望。渐渐地，老公每天一下班就迫不及待地回家，逗弄小婴儿，从中得到巨大的快乐。有一次，老公感慨地对小娜说："生命真是太神奇，简直每一分每一秒都有新奇的改变，我们太幸运了，能够见证他的成长。"

小娜心中暗暗窃喜，何止小生命在成长呢，她和老公也在成长。她已经学会了当一个合格的妈妈和称职的妻子，偶尔还会在紧张忙碌的生活之余，给老公创造一些小浪漫小惊喜，以维护夫妻感情。而老公呢，再也不怨声载道，更不会逃避，而是心甘情愿地为着这个神奇的小生命不断地努力奋斗。

在小娜的用心经营中，因为新生儿的降生遭遇危机的婚姻得到了挽救。其实，作为家里的女主人，只要女性朋友能够学会调节婚姻，经营婚姻，既不因为紧张忙碌的生活抱怨连天，也不因为现实的残酷就忘记浪漫，那么她终究能够引领家里的两个“孩子”一起茁壮成长。

女孩在步入婚姻时，一定要作好心理准备，因为两个原本单身的个体组建成一个整体的家庭，绝非简单的一加一等于二。唯有女孩善于理家，在平衡好家中各种微妙的关系之余，也能够调动起夫妻之间的生活乐趣，才能让婚姻变得更加和谐幸福。尤其是在有了孩子之后，小小生命的到来会使家里瞬间发生翻天覆地的变化，甚至让全家人都忙得人仰马翻，这时更要作好心理准备，不但要照顾好新生儿，调节好自己的心态状态，也不要忽略老公的感受。总而言之，一个家庭的成长需要面对各种各样的困境，就像一辆汽车在过了保修期之后要想正常运行必须定期养护一样，婚姻也需要我们用心经营，努力排除各种潜在的或者已经表现出来的障碍，才能正常运转。记住，爱、信任、理解和包容，永远是婚姻的润滑剂。我们只有始终与爱人进行良好的沟通，才能及时避开婚姻中的暗礁，让婚姻永远幸福美满下去。

保持自身的独立性，才能与爱人并肩而立

现实生活中，很多女性朋友在结婚之前有着很好的工作，也有很强的独立生存能力，但是一旦走入婚姻，就会马上失去自我，把自我隐藏在家庭生活之

后，整个生活的中心就都变成了家庭，不但与此前的闺中密友们减少联系，更是不再对工作上心，似乎整个人与世隔绝了。这样真的好吗？从夫妻关系的角度而言，刚刚新婚的男人原本有着非常自由的生活，甚至在结婚之后也依然想时不时地与哥们、同学喝酒唱歌，但是嫁为人妇的女孩却像是一个副狗皮膏药一样，死死地黏住他，使他根本没有任何属于自己的时间和空间。此时此刻，几乎要窒息的新任丈夫恨不得呐喊："天呐，你能不能去和小姐妹们待上半天，给我一点儿喘息的空间呢？"再说说外人的感受吧，不管是和朋友、同学还是闺蜜在一起，新任妻子和妈妈张口闭口就是丈夫和孩子，尿不湿和奶粉，简直使人厌烦透顶，使人甚至怀疑她满心满脑子就只有这点儿事情，交谈也变得索然无味。这样的生活久了，渐渐地，新任妻子就失去了独立性，甚至恨不得辞掉工作，成为一个全职妈妈。即使不辞职，对待工作也完全是蒙混过关，根本没有任何奋斗的劲头了。

现代社会发展迅速，瞬息万变，直接导致很多事情也都处于千变万化之中。即便对于感情深厚的夫妻而言，婚姻也并不是保险箱，那红红的一纸证书也并不能保证我们一生的幸福。女孩一旦沦为婚姻的附属品，失去自己的独立人格，失去独立性，甚至因为辞职照顾家庭失去自己的经济来源，"经济基础决定上层建筑"这个真理就会在婚姻中很好地体现出来。即便当初是男人信誓旦旦地要求女性放弃工作，成全家庭，一段时间之后，男人也依然会改变心态，对失去独立性的女性颐指气使。这种心态常常潜移默化地发生，使人猝不及防，也防不胜防。

高情商的女人绝不会在婚姻中犯"失去独立性"这种错误，相反，她们会积极主动地在婚姻生活中建立"自我支持系统"。那么，何为"自我支持系统"呢？顾名思义，也就是自己独立的社交圈、人脉关系网、经济来源等诸多能够保证自己正常生活的体系。拥有自我支持系统的女性，即使婚姻遭遇变故，也依然能够一如往常地生活下去，因为她们曾经的幸福并不仅仅依赖婚姻生活中的另一半。简而言之，在婚姻生活中拥有自我支持系统的女性，即使没有老公的支持，也能很好地生存下去，保证正常生活不受影响。相反，在婚姻中失去自我、失去独立性的女性，在婚姻遭遇变故时，往往觉得天塌了，甚至因此产生轻生的念头，后果不堪设想。

菁菁和老公结婚后，因为老公工作很忙，也因为孩子的到来，原本有一份很好工作的她，最终决定辞职。在孩子三岁之前，菁菁始终是全职家庭主妇。渐渐地，她感受到老公对她的态度有了变化。原本，老公很感谢她作出牺牲，成全家庭，但是后来每当菁菁有什么抱怨，老公总是以工作忙、挣钱养家作为搪塞之词。这使静静意识到，她在老公心目中的地位降低了。而且，也因为菁菁没有自己的工作，导致她在忙完家庭事务后，总是非常关注老公，经常催问老公几点下班，询问老公和谁在一起，这也使老公很不耐烦。

在把孩子送到幼儿园之后，菁菁决定改变自己的生活。她参加了好几个培训班，提升自己的职业技能，为再就业作好准备。在孩子适应了幼儿园生活后，她很容易就找到了一份不错的工作。从此之后，菁菁每天都朝九晚五地上班，也有了自己的人际交往。有的时候，她因为忙于工作，不得不让老公下班之后去接孩子。由此一来，她也能够享受到老公做好饭、和孩子一起守着家，等她回家的幸福。她也不再动不动就打电话询问老公的踪迹，因为工作的忙碌使她必须全心投入工作，根本无暇顾及其他。看着这个截然不同的妻子，老公既感受到危机，因为他突然发现自己的妻子作为少妇是那么迷人，也感受到欣慰，因为他很为自己拥有这么能干的妻子感到骄傲。

菁菁虽然为家庭作出了牺牲，但是很快意识到这样的夫妻关系无法使她获得幸福，也无法使他们的婚姻关系长久。因此她赶紧调整自我，在把孩子送进幼儿园之后，当机立断开始建立“自我支持系统”。很快，那个乐观自信的菁菁又回来了，虽然每天都过着紧张忙碌的生活，但是她感受到发自内心的自信和充实。菁菁感到心安而踏实，因为此时此刻她才真正是生活的主宰，也完全

不会受到命运的左右。

现代社会，虽然女性的社会地位得到了很大的提高，但是依然有很多女性都把自己毕生的幸福寄托在婚姻之上。殊不知，婚姻关系并非我们想象中那么稳固，而且人生之中也充满了意外的变故。我们每个人都应该把命运牢牢把握在自己手中，唯有如此，我们才能更好地活出属于自己的精彩。从家庭构造的角度而言，过于依赖丈夫的妻子会渐渐使丈夫觉得背负着沉重的包袱，也导致夫妻关系改变味道。正如舒婷在《致橡树》中所说的那样，我们要作为树的形象出现，与伴侣并肩而立，点头致意，而不要像藤蔓，成为对方的依附和沉重的负担。

需要注意的是，在建立自我支持系统时，情商高的女孩不但注重对自身的提升，也会有意识地努力经营那些对自己有利的关系，诸如与婆婆之间的关系。一旦经营好婆媳关系，对于夫妻关系的稳定将会起到出乎意料的效果。当然，给予老公独立空间的同时，女孩也不要因为走入婚姻就放弃自己的社交圈子，诸如与闺蜜、女朋友等，都应该保持亲密友好的关系，这样夫妻生活才会既有交集，也有各自独立的人际圈子，从而做到张弛有度，进入化境。当然，任何支持系统都只能起到支持的作用，高情商的女孩一定知道，必须自己把握婚姻，才能保证婚姻的幸福美满。

婚姻幸福的经营之道，你不得不知的秘密

很多女孩都把婚姻幸福作为自己毕生的追求，然而，婚姻并非是简单的数学加减法，要想经营好婚姻，获得幸福，女孩一定要有高情商，才能掌握婚姻幸福的经营之道。那么，经营好幸福婚姻，究竟有什么秘诀呢？首先，夫妻

之间需要彼此信任。信任不但是夫妻之间的经营基础，也是普通人之间的相处之道。即便是普通的朋友，或者是陌生人之间，一旦开始相处，也应该彼此信任。其次，夫妻之间还要忠诚。作为世界上唯一没有血缘关系却亲密无间的爱人，夫妻双方必须彼此忠诚，才能在漫长的人生路上携手并行，不断前进。最后，夫妻原本是陌生人，在相互认识、组建家庭之前，彼此之间并没有一定的了解，也缺乏共同的生活经历，因而缺乏深入了解，突然来到一个屋檐下共同生活，必然会在很多方面都产生摩擦。在这种情况下，唯有相互包容和理解，才能彼此并肩前行，不离不弃。

高情商的女孩，一定知道幸福婚姻的经营之道，即信任、忠诚和包容。不过，这几字箴言虽然说起来简单，真正做起来却很难。其实，夫妻相处之道也符合人际交往的原则，任何付出都是相互的，任何的得到也必然都是有原因的。既然如此，我们在夫妻关系中唯有真诚付出，才能最大限度地为自己赢得幸福。

作为一家图书公司的市场营销员，刘倩主要负责推销大学教辅材料，因而常年四处奔波，出差更是家常便饭。在没有孩子之前，刘倩出差的时候，她的老公马丁还能应付自己的日常起居。但是在有了孩子之后，刘倩在孩子一岁时再次恢复出差，家庭矛盾也由此爆发。

作为一个大男人，虽然有丈母娘帮忙，但马丁还是搞不定孩子。有一次，刘倩出差的时候孩子正好发高烧，白天马丁和丈母娘一起带着孩子去医院，夜里因为丈母娘有腰椎间盘突出，马丁只好自己整夜抱着咳嗽不止的孩子走来走去，彻夜难眠。后来，刘倩出差刚刚到家，马丁就爆发了："咱们这还像个家吗？你配做一个妈妈吗？你这份破烂工作赶紧别干了，难道你对孩子一点责任都没有吗？"听着马丁的话，刘倩也很委屈："我妈妈不是在帮咱们带孩子吗？我也不想四处奔波，但是凭着你一个人的工资能养活咱们一家三口吗？"刘倩的话让马丁无语，很久他才沮丧地说："那些女人一边工作一边

带孩子，是怎么做到的呢？难道世界上只有一份整日奔波、四处游走的工作吗？我不要求你挣多少钱，我只希望你能照顾好家庭和孩子，这样我也能毫无后顾之忧地全力工作。而且，你是妈妈呀，我不可能像你那么细致地照顾孩子。”

事后，刘倩也想了很多，意识到自己是孩子的妈妈，孩子才一岁多，她却整日出差，把整个家都扔给妈妈和老公，的确是有些过分了。虽然刘倩工作也是为了家庭，但是刘倩毕竟是女儿，是妈妈，是妻子，因此更应该以家庭为重。如此一想，刘倩不由得释然，既然事情总不能面面俱到，不如就想好轻重主次，适当舍弃吧。为此，刘倩下定决心放弃了工作，换了一份相对清闲的朝九晚五的工作，这样一来，刘倩不但能挣点儿钱贴补家用，也能够照顾好孩子和老人，夫妻关系也更加和谐融洽了。

在这个事例中，刘倩和马丁都没有错，他们都是为了这个家好。最终，刘倩为了孩子的成长，为了家庭的圆满，作出了一定的牺牲。这样一来，他们整个家庭生活再次找到了平衡，因而也就恢复了平静幸福的生活。不得不说，刘倩是有包容精神的，也很理解马丁的苦衷，这恰恰是家庭幸福的保证。相信马丁也会把刘倩的付出和牺牲看在眼里，记在心里，这就是婚姻的积蓄。

在夫妻携手而行的漫长人生历程中，每一方主动的付出都会成为对婚姻的积蓄。随着婚姻积蓄越来越多，婚姻也必然更加幸福和谐，夫妻关系也会随着彼此的付出逐渐增多而日益深厚。只要具备了婚姻的必备要素，且夫妻双方非常努力地去做，所谓夫妻同心，其利断金，夫妻关系必然坚若磐石，也会更加和谐顺遂。否则，一旦夫妻生活缺乏了某件法宝，就会导致婚姻这座大厦轰然倒塌。高情商的女孩们，你们现在懂得婚姻生活的经营之道了吗？聪慧如你们，一定已经作好准备去迎接美满幸福的婚姻生活了吧！

记住，你爱上的就是那个曾经不完美的老公

现实社会中的爱情，只有极少数是纯粹的精神恋爱，大多数的爱情都是现实的，终究要从浪漫的、虚无缥缈的爱情中，落实到柴米油盐酱醋茶和各种琐碎的生活琐事中。然而，也正是因为婚姻从虚幻的爱情变成脚踏实地的生活，最终也导致原本处于热恋之中、相看两不厌的亲密爱人，变成了欢喜冤家。原本是情人眼里出西施，现在也变成了各种挑剔。尤其是敏感的女孩们，曾经看着自己所爱的人，连缺点都是值得赞美的，现在却对于爱人的优点都不能接受，看不顺眼，甚至处处苛责。如此一来，婚姻生活还谈何幸福可言呢？

女孩们，其实这完全是自寻烦恼，只要摆正心态，你们就会发现生活本无事，庸人自扰之。举个简单的例子，假如你在热恋时期对于准老公百般喜爱，而且怎么看怎么欢喜和满意，结婚之后却看对方处处不顺眼，那么问题不在于对方，而在于你自己身上。因为在热恋的冲动和激情褪去之后，你更加清醒和理智，也变得目光如炬，洞察入微。不过不要恼火，因为你爱上的一直都是这个不完美的老公，只不过你是被自己的心蒙蔽了。所以不要抱怨对方的虚伪矫饰，而应努力调整自己的心态。所谓金无足赤，人无完人，每个人都是既有优点也有缺点的。我们自己也不完美，更没有资格奢求别人完美。而且，一个人有缺点，才有优点，也才显得更加真实可信。

对于每一个女孩而言，要想得到幸福的婚姻生活，就必须学会包容。正如

我们上一篇所说的，幸福婚姻的秘诀之一就是彼此包容。当我们能够像欣赏对方优点一样去欣赏对方的缺点时，我们就能做到发自内心地接受对方，包容和理解对方，从而毫无嫌隙地与对方相处。

结婚之前，李楠就发现准老公林峰是个慢性子，不管做什么事情都磨磨叽叽的。不过，当时李楠并不觉得这是个缺点，因为林峰非常温柔，她还安慰自己：这大概就是温柔的男人特有的性格吧，虽然慢一点，但是至少很有耐心。

就这样，在经过一年多的相处之后，李楠终于和林峰走入了婚姻的殿堂。原本，李楠对于婚姻生活有着无限憧憬，真正结婚之后，却发现一切都不如自己想象中那么顺利。首先，林峰性格特别慢，同样一件事情，李楠几分钟就做好，林峰却要花十几二十分钟。其次，林峰的慢性格不但影响他个人生活，也对李楠的生活产生了影响。诸如他们周末的时候准备去看电影，大多数情侣在出门之前，都是动作迅速的男性等着女性慢慢梳妆打扮，但是李楠却恰恰倒过来，每次都要等着慢慢吞吞如同蜗牛一样的林峰。长此以往，李楠实在忍无可忍，终于爆发了："你是个男人吗？你怎么比老娘们还磨叽呢，我真是瞎了眼嫁给你这样的人！你能不能快点儿！"催得急了，林峰也忍无可忍，两个人之间最终爆发了激烈的争吵。这次争吵后，他们持续冷战了一周之久。

李楠思来想去，气得找闺蜜倾诉，闺蜜却说："你当初爱上的就是这样的人啊，我们都说他像个娘们，你却非要坚持嫁给他，现在呢，就嫁鸡随鸡，嫁狗随狗吧！"闺蜜的话如同一盆凉水，扑灭了李楠心中的怒火，她静下心来想想：是啊，这是我自己的选择，我既然接受他的优点，也应该接受他的缺点。就像我不愿意被别人改变一样，别人当然也不愿意被我改变，毕竟每个人都有自己的脾气秉性，也都希望拥有自己的生活。想明白了这个道理，李楠不再只盯着林峰的缺点，而是努力看到林峰的优点，从而让自己在婚姻中的心态越来越好，也使婚姻生活更加幸福。

女孩们，世界上没有绝对完美的人存在，任何时候，我们都要既接受爱人的优点，也接受爱人的缺点，这样爱人才会同样包容我们。理解、信任、包容，都是幸福婚姻的必备要素，因而作为高情商的女孩，我们应该时刻都记住这几点。

常言道，江山易改，本性难移。每个人都有自己的脾气秉性，只有低情商的女孩才会试图改变自己的爱人，导致彼此的关系愈发紧张和尴尬；真正高情商的女孩，会给予自己的爱人更多的空间，尊重爱人的脾气秉性，也处处包容爱人。现实生活中，有很多男人非常坚持原则和底线，宁愿换老婆，也不愿意委屈自己，让自己在老婆的挑剔和苛责下变得四不像。其实，这样的做法无可厚非。毕竟，我们唯有活出真实的自己，才对得起短暂的人生。反过来说，男人们完全有理由想：一个女人假如真的爱我，就不会想要改变我，因为她们爱上的就是真实的我。如此说来，除非是不可容忍的致命缺点，否则面对包容的爱情，我们无须作出伤筋动骨的改变。

女孩们，假如你们已经走入了婚姻，那么从现在开始就学会理解和包容老公吧。当你们发自内心地热爱他们，你们就会发现爱情会赐予你们意外的惊喜，使你们得到喜出望外的丰厚回报！记住，男人是在欣赏中不断成长的，挑剔和苛责只会使男人变得沮丧，止步不前。

婆媳关系——婚姻与家庭中永远绕不过去的难题

全世界的家庭都面临着一个难题，那就是婆媳关系问题。在西方社会，因为孩子到了十八岁以后就会独立出去，自主生活，尤其是成家立业之后，婆媳很少住在一起，所以婆媳关系相对还好相处一些。在中国的传统大家庭里，由于中国人很重感情，也喜欢群居，再加上现在的年轻人生活压力大，工作节

奏快，根本没有足够的时间和精力抚育自己的后代，所以很多年轻人都需要父母来帮忙，才能协调好养育孩子、照顾家庭以及全心工作之间的关系。由此一来，问题接踵而至。既然婆媳住在一起，那么婆媳矛盾也就变得更加明显尖锐。一个三代同堂的大家庭，必须处理好婆媳关系，才能真正做到和谐融洽，幸福生活。

其实，婆媳关系难处是很正常的，应该将其看作生活中可以接受的常态，而不必大惊小怪。然而，现代社会的人们对于婆媳关系给予太多的关注，也在不知不觉间对婆媳关系寄予太大的希望和憧憬，最终导致希望越大，失望也就越大，所以更加反衬出婆媳关系的恶劣。从本质上说，婆媳原本就是两个毫无关系的陌生女人，只是因为共同爱着同一个男人，她们之间才有了牵扯不断的关系。从某种意义上说，媳妇还是婆婆心中的假想敌。当婆婆十月怀胎、含辛茹苦地养大了孩子，等到孩子长大成人、能够独当一面的时候，却有个女人理直气壮地出现了，不但尽情享受自己孩子的呵护和照顾，还收走了自己孩子的工资卡，如此想来，婆婆怎能做到心平气和呢？如果这个女人知道感恩，懂得婆婆曾经付出的辛苦还好；倘若这个女人不知感恩，还对婆婆颐指气使，心怀芥蒂，那么只会导致婆婆更加无法容忍这个女人的出现和存在。由此一来，婆媳大战正式拉开序幕。

婆媳大战的形式总是多种多样的，有的婆媳是用外力作战，不但彼此对骂，急眼了还会大打出手，当然这种情况通常只发生在缺乏文化素养的家庭；有的婆媳是用内力作战，表面看起来一团和睦，暗地里却钩心斗角，谁都想要压倒对方，真正的面和心不合；也有些婆媳会因为孩子的教育问题发生矛盾，诸如婆婆负责带孩子，就想按照自己老一套的经验来，媳妇却是新时代的女性，一切思想和观点都很前卫，因而虽然不想出力，却想主宰婆婆，可想而知难度有多大……总而言之，无论婆媳之间采取怎样的方式斗争，受到夹板气的都是那个可怜的男人。从这个角度来说，假如婆婆和媳妇对那个男人的爱多一些，各自退让一步，也许就能避免战争的爆发。

实际上，婆婆既不要对媳妇持有太多的意见，也不要提出过分的要求，毕竟媳妇是吃自己妈妈的奶长大的，在与这个男人结婚成家之前也是妈妈手心里的宝贝；同样地，媳妇也不要强求婆婆把自己当亲闺女，试问，你都不能把婆婆当成亲妈，她又怎么可能把你当成亲闺女呢？尤其是婆婆在场的情况下，高情商的女孩绝不会对那个男人撒娇，更不会对那个男人颐指气使，因为那个男人的妈妈会感到心疼的。即便她在平时的二人世界里是皇太后，此时当着婆婆的面也会对那个男人低眉顺眼、服服帖帖，还会体贴入微地照顾那个男人。因为她知道，这是讨好婆婆、赢得婆婆认可的唯一方式。与之相对地，低情商的女人总是当着婆婆的面对那个男人“不好”，当然，这很可能只是婆婆眼中的“不好”，对于相亲相爱的小夫妻而言只是再正常不过的撒娇，婆婆却看在眼里疼在心里，她辛苦地在二三十年的时间里把儿子当成公子养着，可不是为了让他伺候一个女人的。由此，婆婆心里对媳妇产生了难以调和的意见，迟早导致婆媳矛盾大爆发。所以女孩们，假如你们足够聪明，不管老公私下里对你们多么好，多么迁就，都千万不要当着婆婆的面让老公出力哦！

作为家里的乖乖女，静静结婚之后深得老公宠爱，从来十指不沾阳春水，不洗衣服不做饭，家里的一切家务全都由老公包揽。当然，在他们夫妻俩的小家里，只要他们你情我愿，这是谁也干涉不了的。问题就出在，到了周末时，静静跟随老公一起去婆婆家，依然坐在沙发上看着电视，还不停地吆喝着：“老公，给我倒杯果汁！”“老公，给我拿点儿瓜子来。”“老公，我想吃春卷，咱们中午吃春卷吧！”随着静静对“老公”的呼唤声越来越多，婆婆看着忙得团团转、始终没得闲的儿子，不由得心疼不已。在静静第若干次喊“老公”时，婆婆终于忍不住说：“静静，你真是驯夫有方啊，把小海指使得团团转。在这个世界上，除了你之外，还没有人这么使唤过他呢！从小到大，只有他使唤别人的份。当然，你们夫妻之间如何相处我作为婆婆是无权干涉的。我

只是想说下我的感受，我辛辛苦苦几十年培养出来一个博士，不是为了给你当仆人的。虽然现在男女平等了，你们也该互尊互爱啊！”

婆婆的话一出口，静静就意识到自己犯了一个致命的错误。研究生毕业的她智商当然也不低，因而马上考虑到婆婆的感受，说：“妈妈，对不起啊，我被我妈惯坏了，我一定改。这样吧，中午由我来做午饭，您正好也尝尝我的手艺。”看到婆婆黑着脸，静静又说：“好妈妈，别生气了，我保证以后再也不使唤您的宝贝儿子啦！您也要给我时间变成贤妻良母啊！”在静静一番哄劝之下，婆婆才转怒为喜，也给了儿媳妇台阶下来。

在这个事例中，静静的情商也是很高的。她之所以一直使唤老公，是因为没有意识到这样会使婆婆感到心疼。后来在婆婆的直截了当下，她意识到这个问题，因而马上降低姿态，哄婆婆开心。她想：毕竟我以后就与婆婆是一家人了，为此闹得不可开交总是不好的。每个星期我们顶多有半天时间在婆婆家，就算是伪装一下，为了家庭和睦也是值得的。在合情入理的自我劝说下，静静很快就找到了与婆婆的相处之道。

女孩们，想想我们以后会怎样爱我们十月怀胎的孩子，我们很容易就会了解婆婆的感受，也知道婆婆为何会心疼我们使唤她们的儿子。既然如此，作为女孩，你不管得到老公怎样的宠爱，都不要当着婆婆的面滥用这种权利。记住，婆婆永远不会感激使唤她们儿子的人，唯有一个贤惠体贴、能够照顾她们儿子的儿媳妇，才能得到她们真心的欢迎和喜爱。在这种情况下，高情商的女孩会与婆婆统一战线，从而成为婆婆的盟友，这样与婆婆的关系自然会和谐起来。总而言之，婆婆的心也是肉长的，聪明的女孩只要多多观察和了解婆婆，设身处地为婆婆着想，就能够与婆婆处好关系，也为夫妻关系加分。

第13章

知足常乐，笑靥如花
——快乐情商高，女孩与幸福常伴

每个女孩心底里都渴望自己是幸福快乐的公主，人生中的每一天都轻舞飞扬，不会遭遇乌云和阴霾。然而，有很多女孩都感到闷闷不乐、郁郁寡欢，难道真的是因为命运的不公平吗？其实不然。快乐其实来自于我们的内心，取决于我们对于人生的理解和态度，当我们变得积极乐观开朗，我们的整个人生也会因此变得昂扬振奋，即使面对困难，也能做到从容自若。快乐就像一杯茶，唯有沸水才能让心底的快乐之花绽放。

自信的女孩最美丽，美丽的女孩最快乐

人生之中，既有快乐美好的时光，也有让我们感到忧愁和悲伤的时候。尤其是女孩，往往有一颗敏感细腻的心，因而对于生活有着更加敏感的直觉，更加敏锐，也更容易有所感悟。虽然说感情细腻是一件好事，但是如果过于细腻，则会让女孩变得游移不定、善变多疑。尤其是当面对生活的诸多不如意时，女孩也会更加脆弱易感。实际上，生活既需要我们细腻，也需要我们像男人一样粗糙和刚强。毕竟，人生不如意十之八九，我们唯有顺势而为，才能尽情享受人生，也才能坦然面对人生。

很多多愁善感的女孩，在看到其他女孩总是阳光快乐时，未免感到羡慕。她们常常以为，对方一定是得到了上苍的特别青睐，所以才能更加得到命运的厚爱，在人生之中顺遂如意。其实不然。这个世界上没有任何人是绝对幸运的，她们之所以看起来没有烦恼，只是因为她们更加自信，即便面对人生的坎坷和挫折，也能够充满希望，坚持不放弃。为此，我们完全有理由说，自信的女孩最美丽，美丽的女孩最快乐。

纵观古今中外，每一位成功的女性，或者是每一个快乐的女性，无疑不是积极乐观，充满自信的。自信使她们即使面对人生的不幸，也能够坚强以对，从不轻易说放弃。自信能够激发女孩体内的潜能，正如科学家所证实的那样，每个人都具有无限的潜能，而潜能一旦爆发出来，就能改变人的一生。所以女

孩们，要想拥有快乐的人生，要想获得成功，就要提高自己的情商，让自己成为积极自信的女孩。

很久以前，有位女歌手初次登台演出，紧张万分。在即将走上舞台之前，她想到自己马上要面对台下黑压压的观众，不由得手心直冒汗，两条腿也发软了。她不停地在心中质问自己："我不会忘词了吧？我要是真的忘词了，这可怎么办呢？"越是这么想，她心里就越是打鼓，怎么也不敢走上台去。

这时，她的经纪人走过来，把拿着的纸卷塞到她的手里，小声安慰她："放心吧，第一次登台演出难免会紧张，假如你忘词了，就打开纸卷看一看，上面清清楚楚地写着歌词呢！" 拿着这个救命稻草，女歌星似乎心里有底了，赶紧走上舞台，引吭高歌。在整个舞台演出中，她超常发挥，根本没有忘词，博得了观众们热烈的掌声。走下舞台之后，兴奋的她赶紧找到经纪人致谢，经纪人却笑着说："你打开那张纸看看。"她疑惑地打开紧紧攥在手掌心的纸卷，惊讶地发现这只是一张白纸，根本没有所谓的歌词。经纪人这才说："你呀，其实实力很强，缺乏的只是初次登台的自信而已。我只是帮助你找回了自信，你最该感谢的是你自己。"

一张白纸，帮助初次登台的歌星找回了自信，赶走了她紧张不安的情绪，从而令她赢得了第一次演唱的成功，也由此掀开了她人生的新篇章。的确，很多女孩之所以在生活中畏畏缩缩，就是因为和这个歌星一样，缺乏自信。只要我们扬起自信的风帆，就能顺利战胜很多看似无法逾越的困难和障碍，从而实现人生的成功。

假如说人生是一片漫无边际的海洋，自信则是灯塔，始终指引我们前进的方向。假如说人生是一望无际的沙漠，自信则是沙漠的清泉，为我们带来生的希望和勇气，也使我们永不停歇地一路向前。女孩们，从现在开始扬起自信的风帆，让我们的人生一路向前吧！

追求快乐，是每个女孩的权利

人生需要快乐的滋润，才能绚烂绽放。然而现实生活中，偏偏有很多女孩总是愁眉苦脸，似乎遭到了生活的虐待。难道真的是因为命运不公，她们才总是闷闷不乐吗？其实不然。命运对于每个人都是公平的，即使我们偶尔遭遇命运的挫折与苦难，上帝在为人们关闭一扇门的同时，也必然会为人们打开一扇窗，因而对于每个人而言，最重要的是拥有快乐的心态，而不要被生活的波折蒙蔽眼睛，导致忽视生活中的真善美，也使心灵变得粗糙，再也无法感受命运的厚待与礼遇。

每个女孩都有权利追求快乐，即使遭遇再多的不幸和磨难，高情商的女孩也不会放弃这项至高无上的权利。越是在不开心的时候，她们越是鼓起勇气，积极乐观地面对生活，竭尽全力地改变生活，并成功地实现自己的人生规划，拥有圆满的人生。所谓心有多大，舞台就有多大，我们也要说，心态决定命运。因此，女孩们，假如你不快乐，与其从外界寻找原因，不如主动改变自身，为自己赢得快乐创造无限可能吧！

现代社会，生活压力越来越大，工作节奏越来越快，很多女孩从大学毕业后就走上工作岗位，开始成为白领，或者是女强人。然而，随着钱越挣越多，职位越来越高，她们却并没有得到梦寐以求的快乐。归根结底，她们在日益忙碌的生活中渐渐忽略了自己的内心，也忘记了自己对于生活最大的初衷。因而

作为现代女性，每一个女孩都应该明白自己的初衷，到底是竭尽全力地工作，还是完全地回归生活，还是努力平衡好工作与生活之间的关系，成就工作、生活双丰收的人生。就像一艘远航的船，我们的人生也必须制定明确的方向，寻找到最终的目的地所在，才能开足马力，一往无前。

当然，生活总是使人劳累的，尤其是在高速发展的现代社会，一切都进展神速，每个人都在不遗余力地往前奔跑。作为高情商的女孩，也难免会有感到劳累的时候，在这种情况下，她们并不会惊慌失措，而是会有意识地放慢脚步，调节自己，让自己得到更多的休息，从而更加马力充足地再次启程。所谓磨刀不误砍柴工，说的就是这个道理，人生也必须张弛有度，才能更加和谐有序，秩序井然。

很久以前，有个油漆工去富人家里帮助富人粉刷房屋。一直以来，这个油漆工都过着艰难贫困的生活，因而在走进富人大房子的第一刻，他不由得惊呼："这幢房子就像宫殿，简直太漂亮了。要是我也能拥有这样一幢房子，那该多好啊，可惜这是不可能的。"

听了油漆工的话，富人纳闷地问："既然你想要拥有这样的房子，为什么不攒钱购买呢！只要你想做到，你就一定能够做到的啊！"油漆工遗憾地说："这是不可能做到的。我今年已经四十多岁了，不再年轻，还要供养妻子和两个孩子，常常入不敷出，怎么可能买得起这么漂亮的房子呢！我知道，我绝对不可能做到。"富翁听了之后一声不吭，走入书房，抱出来一个木头做成的匣子，然后来到油漆工面前，问："你有一百块钱吗？"油漆工拿出一百块钱，富人接过来将其投入木匣子里，然后交还给油漆工，说："看，从现在开始你距离自己的梦想越来越近了。只要你每天都投入一百块钱在里面，你早晚有一天能够买得起房子。"

十几年的时间过去了，油漆工始终牢记着富人的话，不管每天多么辛苦挣钱，都要向富翁给他的木匣子里存入一百块钱，他居然真的买到了属于自己的房子，拥有了崭新的、漂亮的家。从此，他们一家人就可以过上幸福快乐的生活了。他高兴极了，在乔迁新居之际特意给富人发去请帖，邀请富人来他的新家做客。

在这个事例中，油漆工在富人的鼓励下，把一个原本自认为不可能实现的梦想变成了现实。为此，他们全家人都开启了幸福的生活，作为一家之主的油漆工，更是得到了梦寐以求的快乐。从油漆工身上，我们应该学会朝着自己的目标努力奋进，唯有如此，我们才能距离快乐越来越近。很多时候，我们之所以不快乐，并非是客观外界导致的，而是因为我们的内心。当我们拥有一颗快乐的心，当我们能够积极主动地奔向我们梦想的生活，我们当然会拥有快乐的人生。

女孩们，你们一定也想拥有快乐的人生，你们一定也梦想着生活能够如同梦境般美好，那么就从现在改变自己吧。如果现实不够美好，你们可以试着改变生活，如果人生不够完美，你们可以努力完善人生。即便遭遇挫折和打击，只要你永远怀有一颗积极向上的心和乐观进取的态度，你就能够克服人生中无数的挑战，向着人生的目标努力奋进。相信梦想会在你的手上开花，相信人生的一切都会如你所愿，绚烂绽放。

笑容，是女孩最美丽的妆容

爱笑的女孩，运气总不会太差，也往往能够得到好运的青睐。即便遭遇生活的坎坷和挫折，满面笑容的她们也常常能够顺利渡过难关，并且给身边的人也带来好心情，可谓一举数得。

现代社会，有很多女孩都喜欢浓妆艳抹，各种风格和色彩的妆容也不断流

行，你方唱罢我登场，在女孩的脸上轮番上演。其实她们不知道，对于青春靓丽的女孩而言，散发出青春自然气息的笑容，表达真诚美好友善的笑容，就是她们最好的妆容。从审美的角度而言，女孩发自内心的微笑就像是最柔和自然的淡妆，让人赏心悦目；从人际交往的角度而言，没有人会对一个冲着自己微笑的年轻女孩横眉怒目，因为女孩的笑容能够瞬间打开他人的心扉，帮助女孩成功走到他人的心里去；从快乐的角度而言，微笑的女孩不但自己心情愉悦，也会使看到她的每一个人心中都阳光明媚，阴霾散去，自然一片和谐美好。

正值宠物接种季，很多人都带着自己的宠物来到宠物医院注射疫苗。作为兽医，小雅正是因为喜欢宠物，也很善良友爱，才选择了这样一份充满爱的工作。然而，忙碌的她偶尔抬起头看向等候接种的大厅，却发现坐在那里的人们全都表情严肃，似乎别人欠着他们很多钱都没还似的。

不久之后，有位年轻的妈妈带着一只吉娃娃来了，还推着几个月的小婴儿。她们坐在一位看起来已经等得心急如焚的先生旁边，那位先生的脸上流露出明显的烦躁不安的表情。正在此时，小小的婴儿突然裂开嘴对着那位焦急的先生笑了笑，那位先生脸上的表情一瞬间发生了神奇的转变，他也满怀真诚地对着婴儿笑了笑，还友好地冲着婴儿说起了“婴儿的语言”。很自然地，他问起那位年轻的少妇：“您家宝宝多大了，真可爱呀！”少妇听到先生夸赞自己的宝宝，自然觉得很开心，也很骄傲地说：“他六个月了，特别爱笑呢！看到谁都咧开嘴巴笑嘻嘻的。”先生发自内心地再次赞美宝宝：“爱笑好啊，长大了肯定也是个开心果，每天都开开心心的，也能让所有人都很快乐。”随着这位先生和少妇、宝宝越聊越熟络，诊室里的其他人都不再鸦雀无声，似乎这份笑容也感染了他们，渐渐有人开始小声聊天，整个候诊室的气氛都变得活泛起来，一片和谐融洽。

笑容是没有国界的，也不会因为年龄、性别的界限导致受到阻隔。任何时候，真诚的笑容都能融化人们心中的寒冰，更何况是女孩纯真的笑容呢！只要我们的笑容足够真诚，毫无嫌隙，就一定能够打动人心，也能够帮助我们建立良好的人际关系。

女孩们，你们可曾发现笑容的巨大魔力呢？它不但是我们行走社会的通行证，也是我们与他人之间友谊的桥梁。一个脸上带着笑容的女孩，总是能够给人留下深刻的印象，也能够把笑容和快乐带给他人。不管是在生活中还是在工作中，高情商的女孩总是面带微笑，也因而使自己的人际关系和谐融洽。一个有笑容为妆的女孩，浓妆淡抹总相宜，她总是这个世界上最美丽的风景。

赠人玫瑰手有余香，乐于助人收获快乐

赠人玫瑰，手有余香，这份快乐只有真诚善良、乐于助人的人才能得到，才能深刻感受其中蕴涵的神奇力量。在这个世界上，虽然每个人都是完全独立的个体，但是人与人之间并非彻底隔绝的。尤其是在现代社会，不管是生活中，还是工作中，每个人都不得不与其他人打交道，可以说倘若一个人缺乏人际交往能力，在现实之中就会寸步难行。可想而知，人际交往能力有多么重要。然而，生活中不乏自私的人，他们总是明哲保身，事不关己，高高挂起。可以断定，他们从未品尝过帮助他人的乐趣，也因而永远与这份快乐无缘。

有的人总是斤斤计较，在与他人相处过程中把付出和收获计算得非常清楚。实际上，付出和收获之间未必是正比关系，因而很多人不愿意付出。其实，回报的形式是多种多样的，在帮助他人的过程中，我们虽然未必能够得到他人切实的回报，但是我们因为乐于助人得到的满足和欣慰，是任何回报都不可相比的。因而，我们应该发自内心地认识到付出的意义，也因而更加心甘情愿地对他人付出。唯有如此，我们才能是快乐的。

很久以前，有个穷困潦倒的小男孩为了给自己挣够学费，不得不在寒冷的冬日里四处推销产品。当时，天寒地冻，大雪纷飞，小男孩又冷又饿，几乎无法继续支撑着自己走下去。他的内心满怀绝望，因为整整一天的时间里，他没有推销出去一件商品。好不容易，他才拖着沉重的步伐来到一户人家的门口前。他犹豫再三，敲响了门。

过了片刻，一个年轻的女孩打开门，小男孩有些不知所措，他支支吾吾地说："您好，请问可以给我一杯水喝吗？"女孩上下打量着男孩，似乎看出男孩又冷又饿，因而她毫不迟疑地点点头，转身走进屋子里。等了大概有几分钟，女孩才端着一大杯牛奶回来了。男孩双手捧着这杯热乎乎的牛奶，心中感动不已。他一小口一小口地喝完牛奶，整个人似乎都暖和起来。他不好意思地问："请问，我应该付你多少钱？"女孩摇摇头，说："不用付钱。奶奶告诉我，赠人玫瑰，手有余香。"男孩再三表示感谢之后，离开了。

此时此刻，他浑身都充满了力量，刚才还困扰着他的那些消极想法，全都不见了。他发誓一定要读完大学，让自己成为对社会有所贡献的人。果然，十几年后，男孩从医学院毕业，进入一家知名医院，成为一名医生。此时，当年曾经帮助男孩的女孩如今已经成为妇人，她身患重病，每天都痛苦不堪，即便跑遍了当地所有的医院，她也没有得到有效的治疗。医生们全都对这种怪病束手无策。后来，她不得不辗转来到这所位于省城的大医院，对此寄予最后的希望。

当大名鼎鼎的霍华德医生参加会诊，看到病患与自己同乡时，他的心中不由得怦然一动。他突然想起了当年的那个女孩端给他一杯热乎乎的牛奶，因而他赶去病房，一眼就认出了她。霍德华医生作为主治医生，马上为她制定了详细周密的治疗计划。一个多月后，她完全康复了，但是当看到护士拿来的治疗费用单时，她不由得一声哀叹：即便卖掉房子，只怕她也无力支付这昂贵的手术费。然而，当她看到最后一行时，不由得热泪盈眶，因为在结算那一栏里赫然写着："医药费——一杯牛奶。霍德华医生。"

当年轻的女孩把一杯热牛奶端给又累又饿的男孩时，一定是不求回报的。她帮助了他，从中得到了莫大的欣慰和满足，这于她而言就是最好的回报。然而，她给予他的不仅仅是一杯热牛奶，对他而言，那更是希望、勇气和力量。正是因为这份温暖，使他下定决心排除万难，最终才从医学院毕业，成为一名优秀的医生。可以说，她善良的力量改变了他的整个人生。

即便如此，命运依然安排他们在特殊的情况下重逢，心怀感恩的爱德华不但以高超的医术挽救了她的生命，还帮助她结清了所有的治疗费用。其实，爱的力量是能够传递的。举个最简单的例子来说，假如我们在地铁上给需要的人让座了，他们的心里必然受到感动，也觉得温暖。当然，也许在茫茫人海中他们不会再遇到我们，回报我们，但是当看到其他需要帮助的人时，相信他们会把我们爱的力量传递出去，也给予那些人慷慨真诚的帮助。这样一来，我们的爱岂不是有了丰硕的收获？女孩们，让我们成为在人世间撒播大爱的使者吧，相信命运终究会给予你意外的惊喜！

欲望与快乐的反比关系，是生活的真谛

每个人都有欲望，孩子想要吃到更多的糖果，成人想要拥有更充裕的金钱和物质，帮助自己改善生活，男人希望拥有一辆豪车，女人最喜欢住大房子，老人盼望着自己身体健康，能够长命百岁……总而言之，不同的人有不同的欲望，尤其是在现代社会，物质极大丰富，各种奢侈品层出不穷，更导致人们陷入欲望的深渊，自制力差的人甚至成为欲望的奴隶，被欲望驱使着不断向前。在这种情况下，人生还谈何快乐呢？

从本质上说，欲望与快乐的关系是成反比的。也许有些女孩会说，当我的欲望都被满足了，我就会觉得快乐。其实不然。一个人的欲望就像是无底的深渊，当一个欲望轻而易举得到满足之后，很快又会衍生出其他的欲望，如此一来，欲望就会不断增多，变本加厉，无休无止。因而要想让快乐与欲望扯上什么关系，绝不是无底线地满足欲望，而是努力控制欲望，成为欲望的主宰。唯有如此，我们才能通过满足合理的欲望得到快乐，也才能成为人生的掌舵手。

高情商的女孩深知欲望的贪婪和恶劣，因而从来不会无限度地放纵自己的欲望。她们虽然也想要时髦的衣服、高档的化妆品，但是她们更知道人生的快乐不是依靠物质堆砌而来的。她们更注重自己的内心，更在乎经营自己的精神世界，因而她们崇尚简单的物质生活，而自由地追逐灵魂的腾飞。她们的快乐来自深藏着的内心，所以她们的快乐很纯粹，绝不虚伪。

对于生活，思彤有着无数的欲望。记得早在大学刚毕业时，人生地不熟的思彤独自一人来到陌生的大城市打拼，远离父母和亲戚朋友，举目无亲。当时，她住在狭小逼仄的地下室里，除了一张床之外，只有一个小小的行李箱。她最大的愿望就是能够租一个房间独自居住，这样至少有隐私的空间可言。后来，她找到工作，从领取第一个月的薪水开始，她就不再和别人挤在一间地下室里，她自己租了个半地下，拥有独立的空间和新鲜的空气，当时的她觉得幸福极了。后来，随着事业不断发展，她居然开始与同事合租单元房，而且是带卫生间的主卧。巨大的幸福感袭来，思彤乐不思蜀，尽情享受着洗澡没人催促的日子。

时间渐渐流逝，思彤的生活也水涨船高。如今的思彤已经结婚了，有一个爱她的丈夫，还有一个可爱的儿子。他们一家三口住在宽敞的属于自己的三居室里，生活无限美好。然而思彤却感受不到幸福，因为她早就眼馋同事家住的大别墅了。有段时间，思彤整日缠着丈夫卖掉房子，从银行按揭几百万买别墅。丈夫怒斥她："你疯了吗？从银行按揭几百万，咱们的工资收入还不够还月供的，难道一家三口都喝西北风去吗？"然而，思彤已经着魔了，整日梦想着自己住在大别墅里的生活，渐渐地，她对老实本分的丈夫越来越看不顺眼。

终于，在孩子三岁的时候，思彤和自己的顶头上司——公司的副总好上了。她如愿以偿地搬进了大别墅，一开始的确觉得自己像个贵妇人，但是想到年幼的儿子只有粗心的爸爸照顾，而失去了妈妈的用心呵护，她就心如刀绞。看着空荡荡的别墅，她开始怀念她们一家三口在三居室里幸福快乐的时光。

在这个事例中，思彤原本非常成功地在大城市站住了脚跟，为自己赢得了一席之地，这一切对于普通人而言不可谓不成功。但是思彤却被欲望裹挟着，失去了理智，最终为了追求富贵荣华，抛弃丈夫和孩子，搬进了大别墅。难道她得到梦寐以求的快乐了吗？当然没有。金钱的富足也许会使她暂时感到满足，但是当精神变成一片荒原，她最终还是感到追悔莫及。毕竟，房子再大也不如家让人温暖；有钱的男人再显赫，也不如真爱自己的人那么贴心。作为女人，我们一定要知道自己真正想要的是什么。正如古人所说，鱼与熊掌不可兼得，只有在抉择时保持明智和理性，我们才不会因为错过而后悔。

女孩们，你们是否也曾无数次在展示时装的橱窗前流连忘返？你们是否也曾经被欲望裹挟着，不知道人生的路该往哪里去？看完这篇文章，你们一定要扪心自问：我想要怎样的生活？唯有确定这个问题，你们才能真正获得梦寐以求的幸福。生活，需要恬然，需要淡定，尤其是在整个社会都日益浮躁的今天，我们只有更加脚踏实地地面对人生中的诸多挑战，才能在人生之中驶过浅滩急流，到达鲜花遍野的美妙境界。

第14章

挫折是命运的馈赠
——挫折情商助你坦然应对人生坎坷

人生是一场没有归途的旅程，在这趟旅程中，每个人都是旅客。然而，这趟旅程并没有预定的路线，即便有，也会因为各种各样的突发状况导致变化不断，所谓计划不如变化快，大概就是由此而来的。这也就注定了每一位旅客都有可能欣赏到沿途美妙的风景，也有可能遇到各种不期而至的意外和灾难。真正能够顺利抵达人生目的地的人，不是那些稍有挫折就轻易放弃的人，而是像攀登珠穆朗玛峰一样即便遭遇再大的困难也绝不退缩的人。高情商的女孩在旅途中既不会随波逐流，也不会固执己见，她们会以坚定的信念和顽强的意志，顺势而为，坚持不懈。

不曾吃过苦，就不知道甜的滋味

在这个世界上，没有丑，就无所谓美，没有苦，就无所谓甜。在每个人的人生旅途中，没有颠沛流离，就无所谓安宁舒适，没有暗无天日，就没有柳暗花明。因而，每个人行走在人生的旅途中，都应该摆正心态，端正态度，这样才能不抱怨，不纠结，如愿以偿地顺着人生的路径不断前行。

女孩们，也许你们已经经历的人生一帆风顺，从未遇到过任何挫折和阻碍，也许你们已经经历的人生历经坎坷，导致你从未感受过幸福的滋味。然而你必须相信，无论你曾经经历过的人生是怎样的，你都必须勇敢面对，因为这些是你人生的一部分，无法剔除，更无法逃避。而且，随着时间的流逝，当你从伤痛中恢复过来，再扭过头去看时，你会发现你要感谢这样坎坷的命运，因为如果没有它，就没有今天的你。这也就意味着，今天优秀的你不但得益于父母的精心养护，得益于老师的悉心教诲，也得益于这些不期而至、不请自来的坎坷磨难。从某种意义上来说，它们对你的成就作用最大，在你的人生中也最不可或缺。

人生是一条漫漫长路，没有尽头。尽管我们每个人都在这条路上行走，然而除了死亡之外，无一人知道注定的人生终点是什么。因而我们走得小心翼翼，如履薄冰，胆战心惊。试问，有谁在一生之中全都顺心如意，从未有过艰难挫折？试问，又有谁能够保证自己的人生永远是黑暗，再也没有阳光明媚的

日子？因而，无论是顺境还是逆境，无论是阳光还是阴霾，我们都要坦然面对，因为时间的脚步永不停歇，我们的人生也不会止步不前。

在萨伦港的国家船舶博物馆里，有一艘经历独特的船。这艘船1894年正式下水，在漫无边际的大西洋上，它触礁116次，撞击冰山138次，起火13次，被风暴摧毁桅杆207次，但是它从未沉没过任何一次。无疑，这是一艘坚强的船，这是一艘意念坚定的船，这也是一艘与众不同的船。

考虑到它传奇般的经历，也顾及价值不菲的保险费，买主最终下定决心买下它，并且将它从荷兰带回祖国，捐献给船舶博物馆。此时此刻，这艘船依然安静地待在博物馆里，以它身上数不清的创伤，静静地诉说着什么。起初，这艘船并没有那么出名，直到一名失意的律师到来，这艘船才名声大振，举世闻名。原来，这名律师当时打输了官司，委托人也因此自杀，因而他产生了深深的负罪感，觉得无颜面对这个世界。他不知道如何继续进行自己的职业生涯，也不知道如何帮助那些失意的生意人。就在这种状态下，他邂逅了这艘船。看着这艘千疮百孔的船，他突然产生了一个想法：我应该让我的委托人们都看来看看这艘船，看看它曾经经历的苦难。

后来，这名律师专程为这艘船拍摄了照片，并且配以关于其历史的文字，将其悬挂在自己的办公室里。每当那些在商海中起起伏伏的生意人来请他辩护时，他都首先邀请他们亲自去看一看这艘船。因为这艘船以它满身的伤痕告诉每一个人：只要没有沉没，就要继续向前航行。

女孩们，读完这个故事，你们是否也有深刻的感悟呢？我们的人生何尝不像一艘在命运的大海上航行的船只，我们不知道自己未来将会遇到狂风暴雨，还是暗礁冰山，我们唯一能做的就是开足马力，勇往直前。哪怕千疮百孔，只要一息尚存，我们依然要勇往直前地奔向人生的目的地。

很多时候，我们只看到成功人士的光鲜亮丽和他们身上的耀眼光环，却没有想到，他们在成功之前和背后，付出了多少努力和心血，又饱尝了多少艰辛。其实，在人生的道路上，一时的伤痛并不可怕，最可怕的是我们因为遭受挫折而沉沦的心。尤其是脆弱的女孩，更应该让自己变得强大起来，因为只有成为人生中真正的强者，才能成为命运的主宰，才能成为一艘永不沉没的船。

与自己的心对话，你不会孤独

现代社会，随处可见拥挤的人群，尤其是早晚高峰的地铁里，密集恐惧症患者简直不能出行。因为看着一片片黑压压的人头，谁也不能保证他们不会犯密集恐惧症。尤其是在大城市，人口密度更是急速增长，甚至令有些人产生了无处遁逃的感觉。然而，即便如此，现代社会有一种疾病依然越来越常见，而且即便医学技术再怎么高明，也无法治愈这种疾病，那就是孤独感。也许有些心思简单的人会说，觉得孤独没关系啊，只要呼朋唤友欢聚一堂，马上就会感到热闹非凡。假如朋友们都在各忙各的，也可以去逛大商场、大超市。或者实在不行，百无聊赖地去挤一挤城铁、地铁、高铁等交通工具，马上孤单感尽消。这样的理解显然存在一定的偏差，因为真正的孤独感并不是靠人群就能治愈的，反而越是在拥挤的人群中，孤独感就越强烈，越难以排遣。

从哲学的角度上来说，孤独在整个人生中都是无法消除、永恒存在的。曾经有哲学家说，只有在孤独的世界里，他才能感受到从容、温和，相反，仓促的世界总是使他厌倦和局促。不仅哲学家有这样的感触，很多普通人也会时常感受到孤独。尤其是注重精神世界的人，更喜欢沉浸在孤独之中，感受自己内心的召唤。然而，大部分平凡的人，不愿意与孤独的自己相处，他们越是与自己的孤独对抗，就越是感受到孤独的吞噬。最终，孤独不再是一种难得清静的享受，而变成了无法抗拒的焦躁不安、紧张恐惧等负面情绪的

集合体。

其实，孤独并不像我们想象中那么可怕。所谓人有悲欢离合，月有阴晴圆缺，此事古难全。人生路上，我们不可能始终顺遂如意，也不可能一直十全十美，我们必须学会接受孤独，与自己的孤独相处，才能摆脱孤独。高情商的女孩深知其中的道理，也很愿意从心灵深处拯救自己。

战争时期，瑟玛·汤普森跟随丈夫一起去了沙漠中的陆军训练营里。然而，刚刚到达那里，她就感受到难以排遣的孤独；有段时间，她的丈夫被派遣到沙漠腹地进行训练，她更是险些被孤独逼疯。她独自住在陆军训练营破旧的小屋里，沙漠里白天的温度简直超乎人们的想象，就算躲在硕大的仙人掌的阴影里，温度也高达华氏一百二十五度。在那里，因为语言不通，她无法和当地的印第安人以及墨西哥人交流。整日不停的漫天风沙，使人的耳朵眼里都充满了沙子。

瑟玛·汤普森孤独极了，她在激动的状态下写信告诉父母，她再也无法忍受这样的生活，一定要马上回家，哪怕一分钟也不能再等。不想，父亲看了她的回信之后，当即回了一封只有一句话的信给她。正是这一句话，彻底改变了她的人生。她的父亲在信里写道："两个人一起从监狱的铁栏里朝外看，一个看见星星，一个看见冰冷的水泥墙。"瑟玛·汤普森深受震撼，一遍又一遍地读着父亲的信，羞愧不已。她当即决定：我也要看到星星。

瑟玛·汤普森开始试着和当地人交朋友，结果这些人的表现使她惊讶不已。当地人不舍得把手工编织的地毯和陶瓷器皿卖给游客，却慷慨大方地将它们送给了她。她也开始走进沙漠，了解仙人掌和土拨鼠，观赏沙漠中的日出，寻找沙漠中有几百万年历史的贝壳。在这样的生活中，她感受到前所未有的兴趣和快乐。后来，她还根据自己在沙漠中的生活写了一本书，名为《光明的城堡》。

难道是沙漠改变了吗？不，沙漠已经在至少成百上千年的时间里没有改变了，改变的是瑟玛·汤普森对待生活的心态和面对孤独的态度。正如人们常说的，心若改变，世界也为之改变。我们看到怎样的世界，拥有怎样的人生，其实取决于我们看待世界的眼睛，也取决于我们的心。

胜利并不是热闹喧哗的人生，而是能够以最佳的方式对待人生的孤独和寂寞。即便是一件简单的小事，只要我们能够静下心来做好，这就是一种胜利，我们也就战胜了孤独。女孩们，人生是短暂的，也是漫长的。在一生之中，我们会与很多人擦肩而过，也会幸运地与其中极少数的人相遇、相识、相知。然而，没有任何人能够永远陪伴在我们身边，我们必须学会与自己独处，与自己的灵魂对话，才能拥有真正充实的心灵。

在这个浮躁的世界安然绽放美丽

在整个世界都变得越来越喧嚣的今天，假如我们能够安静地活着，这就是一种成功。当我们被问及是否相信明天会更好时，相信我们之中的大多数人一定会毫不迟疑地回答："当然。"然而，若我们某一天清晨醒来突然遭遇不开心的事情，那么我们之中的绝大多数人一定在一整天的时间里都闷闷不乐、郁郁寡欢，之前言之凿凿地说的"相信明天会更好"，此时已经跑到爪哇国去了。

为什么我们这么容易受到外界的影响呢？归根结底，是因为我们的内心太脆弱，也不够坚定。很多时候，我们左右不了命运。面对命运的青睐、厚爱或者是捉弄，我们只能或者被动或者主动地接受，这是唯一的应对方法。所谓的逃避，根本不能彻底解决问题。现代社会，随着生活节奏越来越快，工作压力越来越大，人心也越来越浮躁，整个世界都充斥着杂乱无章的声音和吵闹。

倘若再加入我们的抱怨，世界一定会更加不堪重负，我们原本就不够顺利的生活，也必然更加处境艰难。

在这个浮躁的世界安然绽放美丽，是高情商女孩最成功的姿态。女孩们，认清现实的状况之后，你是否知道该如何主宰人生了呢？任何时候都不要人云亦云，随波逐流，当你在世界的角落里绽放美丽时，相信世界也会给予你最美丽的回馈。

玛丽在丈夫遭遇意外去世之后，整个人生都毁了。她不再积极上进，每天都蒙混度日。有段时间，她甚至开始抽烟酗酒，似乎想要放弃人生。看到玛丽的情况这么糟糕，已经结婚成家的女儿不得不辞掉工作，撇下丈夫，带着女儿一起住回玛丽家中，照顾玛丽。

为了帮助玛丽恢复生的意志，女儿每天都耐心地陪着她散步、聊天，还会竭尽所能地给她做好吃的，希望唤起她的食欲。经过一个多月的陪伴，玛丽的状态稍微好些了，女儿也接到了老板和丈夫的最后通牒。这时，玛丽猛然意识到假如自己再这么颓废下去，也许女儿的人生也会遭到毁灭。为此，她振作精神，对女儿说：“女儿，回到你自己的生活中去吧，我能自己照顾自己。”女儿当然不忍心离开孤独的妈妈，思来想去，她花光了所有的积蓄，给玛丽报名参加了一个专门针对老人的环球旅行团。

这个旅行团里有很多老人，而且有不少都是独身的老人。在长达两个多月的旅程中，玛丽看到那些独身老人都活得很积极，他们不但谈笑风生，而且有的擅长跳舞，有的擅长唱歌，有的擅长绘画，各有所长，人生都有寄托。玛丽接受女儿的良苦用心，也渐渐变得开朗起来，还结交了很多好朋友呢！这次旅行回家之后，玛丽一改常态，不再颓废，而是利用退休金给自己报名参加了绘画班。女儿知道之后很惊讶，玛丽却狡黠地说：“连你爸爸都不知道我喜欢绘画，我从小的梦想就是画家！现在，我终于有时间活出自己了。”

在这个事例中，因为丈夫的突然离去，玛丽感觉到无法面对，因而整个人生似乎都塌了。幸好，她有一个好女儿，给予她无微不至的关心和照顾，哪怕放弃工作和家庭都在所不惜。在女儿精心照顾下，玛丽渐渐恢复，后来女儿更是花光所有积蓄，为她报名参加了环游世界的旅行团。与诸多老人的接触使她意识到生老病死是人之常情，因而她才能再次鼓起勇气面对生活，甚至还找回了从小的梦想，参加了绘画班，想要成为一个画家。玛丽的这种改变，必然让她的亲人们感到欣慰。

漫长的人生之中，我们难免会遇到各种各样的坎坷挫折，甚至还会遭遇突如其来的致命打击。在这种情况下，高情商的女孩会学会面对这种种不测，因为她们知道，无论是惊喜还是惊吓，都是无法逃避的。其实，很多女性朋友之所以在人生之中无力面对和承担那些灾难，并非缺乏这样的能力，而是因为她们的心不愿意坦然以对。只要摆正心态，端正态度，女性朋友就能坦然面对人生的种种挫折和磨难，也能在此过程中让自己不断强大起来。

真正的女神绝不畏惧生命中的过客——困境

苦难一直以来都是弱者逃避现实的借口。尤其是天生较弱的女性，当被苦难打败时，当不想继续面对残酷的人生时，就会抓住苦难这根救命稻草，仓皇而逃。然而，迄今为止，这个世界上没有任何人因为逃避困境而最终获得梦寐以求的成功或者幸福。暂时的逃避除了贻误时机之外，对我们的人生有何好处呢？想明白这一点，明智的女孩就不会以苦难为借口逃避现实。相反，无论现实多么残酷，多么让人难以面对，她们都会勇敢坚强地向前，绝不退缩。

现代社会，很多美丽、漂亮的女孩都被冠以“女神” 称号。殊不知，真正

的女神不仅有着漂亮的外表，更是生命中真正的强者，有着无比强大的内心。面对人生中的诸多不如意，也许有些“伪女神”马上就会娇滴滴地吓倒过去，哪怕是看到一只蟑螂，她们也会大惊小怪，大呼小叫。可以说，在真正的女神面前，她们简直不值一提。真正的女神不畏惧人生中的过客——困境，她们愿意付出坚强的努力来战胜困境，超越自我。相比起那些遇到小小困难就退缩的女性，她们无比高大，也是无数男人心目中值得携手相伴一生的好女孩。

在世界科学发展史上，居里夫人是一颗璀璨的明星，照亮了无数后来者在科学道路上前行的脚步。自从和丈夫皮尔·居里组成家庭之后，居里夫人从此就踏上了科学研究的道路。为了从重达一吨的工业废渣中提炼出镭，居里夫人每天都在进行繁重的劳动。她一锅接着一锅地煮沸工业废料，还必须用铲子不停地搅拌，等到做好这一切，她再一瓶接着一瓶地把煮好的工业废渣装进瓶子里，等待结晶。一生之中的大多数时光，她都穿着满是灰尘和被化学原料弄脏的工作服站在沸腾的大锅旁度过。因为吸入过多的化学气体，她不停地咳嗽，眼睛也热泪直流……

在整整三十五年的时间里，她因为被放射性物质辐射，再加上工作环境极其恶劣，最终患上了白血病。除此之外，她浑身都是病，几乎没有健康的身体器官。然而，这一切都没有使居里夫人退缩，在科学的道路上，她依然无所畏惧地勇往直前。直到居里先生去世，她也依然没有停下脚步，最终成功地发现了镭元素。在世界科学史上，居里夫人是唯一一个两次获得诺贝尔奖的女科学家，她注定要被整个人类铭记。

在科学研究的道路上，居里夫人的确获得了莫大的荣誉，然后在成功背后，是她长年累月的坚持付出，以及身心俱伤的代价。她之所以能够在科学道路上走得那么远，就是因为她从未在一切磨难和挫折面前退缩，哪怕失去了自己终生的爱人，她也依然忍受着巨大的悲痛继续为科学事业作出贡献。女孩们，虽然我们未必能够成为像居里夫人那样伟大的科学家，但是在平凡而又普通的人生中，只要我们也具备这样顽强不屈的精神，并且能够坚定不移地走好属于自己的人生之路，我们也一定会活出不平凡的自己。

高情商的女孩们会相信，一切困难都是对我们的考验，一切苦难都是幸运的开始。

第15章

有天赐的聪明，也不要骄傲
——善良，是人生最美好的姿态

人的天赋是与生俱来的，从人出生开始，就始终相随。相比起那些天资愚钝的人，我们与其骄傲，不如选择善良以对，因为天赐的聪明并不能成为我们自以为是的借口和理由。人生是漫长的，既有惊喜，也有惊吓，既有幸福快乐，也会遇到很多难以预料的灾祸。我们唯有以最美好的姿态——善良，与人生相伴而行，才能得到命运的厚待，获得真正美好幸福的人生。

聪慧女孩心思细腻，也懂“读心术”

聪明的女孩总是能够猜透他人的心思，似乎拥有“读心术”，这到底是为什么呢？其实，这个世界上根本没有真正的读心术，大多数人之所以轻而易举就能了解他人的心思，主要是因为他们非常敏感细腻。尤其是女孩，因为本身就心细如发，因而在与他人交往的过程中，总是能够敏感地体察到他人的心理以及情绪情感的变化，最终做到洞若观火，自然就能了解他人的真实的想法。

人与人交往的过程中，一个人如果想要博得另一个人的认可和尊重，最好的办法并非曲意逢迎对方，而是让对方感受到你的尊重，也意识到你正在想方设法满足他心理上的需求。这种精神上的交融，往往比物质上的互动更加让人怦然心动。归根结底，人既有自然的属性，也有社会的属性，每个人都发自内心地想要得到他人的认可、尊重、肯定和理解。当这种心理和感情上的需求得到满足时，我们自然也会善待那个赐予我们这一切的人。从这个角度而言，聪明的女孩很清楚自己应该如何建立和经营人际关系，也就顺理成章地成为社交场合最受欢迎的人。

很多成功女性的经历告诉我们，不管她们的成就有多么伟大，也不管她们的人生多么幸福，她们始终持之以恒、坚持不懈去做的事情，就是洞察他人的内心，更好地满足他人的心理和感情需求。要想做到这一点，无疑需要我们心思细腻，察言观色，这样才能水到渠成地抓住他人的心理和情感变化，从而把

话说到他人心里去，把事情做得让他人欢喜。即便是在普通的社会生活中，与关系寻常的同事相处，职场女孩也应该充分发挥自己的“读心术”，从而让自己在职场上如鱼得水，游刃有余。

佩琪的家住在纽约的闹市区，一直以来，她与丈夫亨利的感情都不够和谐，原因是她认为亨利把时间过多地用于工作，或者是照顾花花草草，根本没有用心呵护作为妻子的她。为此，她对亨利怨声载道，夫妻生活也常常充满了争吵。

又是一个周末，佩琪还在睡着，亨利就起床去公司加班了。佩琪焦心如焚地等着亨利回家，直到中午，疲惫的亨利才回来。然而，佩琪马上改变心态，开始指责亨利，而且说出最让人无法接受的话来：“你以为你整天地泡在办公室里，就能得到晋升和加薪吗？真正有才能的人，即便把很多时间都用于陪伴家人，也依然能够事业有成。只有无能的平庸者，才会一直安排不好工作和生活。”佩琪的话音刚落，亨利脸色陡变，对于一个男人而言，被形容为“无能”是最难以忍受的。就这样，他一言不发地度过了整个周末，家里的气氛紧张极了，充满了火药味。

后来，佩琪专门向婚姻咨询师请教，咨询师听到佩琪的讲述，不由得批评佩琪：“你一直都是这样和你丈夫相处的吗？简直难以置信，你们的婚姻居然还处于存续期间。他一定是个好脾气的人，才能容忍你至今。”佩琪不知所以，婚姻咨询师继续毫不客气地说：“作为妻子，你说的话是每一个男人都无法忍受的。难道你没有意识到，破坏周末夫妻之间愉快相处时光的，不是你的丈夫，而是你吗？假如你能改变思路，做好美味可口的饭菜等着你加班的丈夫回家一起享用，也许结果就会截然不同。”

在婚姻咨询师的建议下，佩琪改变对待婚姻的态度，也调整了与丈夫相处的方式。果不其然，那些不愉快的周末都消失不见了。看到妻子如此大的改变，亨利简直高兴极了，甚至说自己是世界上最幸福的男人。至此，佩琪彻底意识到婚姻幸福的钥匙，其实掌握在她自己手中。

其实，每个人都发自内心地渴望得到他人的尊重和认可，也希望得到他人的重视和理解。然而，恰恰是最亲密的夫妻关系，使得佩琪对于丈夫亨利提出了很多过高和过分的要求。面对丈夫周末加班的行为，她非但没有给予理解，反而对丈夫冷嘲热讽，不得不说，她为我们展示了世界上最糟糕的夫妻相处之道。

男人的心思和女人完全不同，因而作为聪明的女孩，千万不要认为每个男人都是大力金刚，都有顽强不屈的内心。实际上，很多男人都是非常脆弱的，他们最害怕承受来自最亲密最深爱的人的打击。聪明的女孩会把家经营成一个温馨的港湾，这样她所爱的人在外面遭受一切委屈误解之后，才会来到家的港湾休憩、调养生息。女孩们，从现在开始就改变马大哈的形象吧，当你不再大大咧咧，而是能够敏感地体察爱人的心思时，相信哪怕只是你一句轻描淡写的赞美，也会让你爱的人心中乐开了花，更加精神抖擞地投入生活和工作之中，给你带来意外的惊喜。此外，在你运用“读心术”对待他人的同时，你还会惊喜地发现他人给予你的尊重和理解也越来越多，如此一来，你怎能不和谐融洽地与人交往呢！

换位思考，才能让彼此心领神会

一直以来，我们在提及建立和经营人际关系的相关问题时，都会提到“换位思考”。由此可见，换位思考对于良好的人际关系是至关重要的。尤其是在人与人相处的过程中遇到分歧和产生不同意见时，要想更好地理解他人，说服他人，我们就更需要换位思考，这样才能真正做到设身处地地为他人着想，从

而与他人产生共鸣。尤其是当我们拥有与当事人相同的感受和体验时，换位思考就会更加事半功倍，起到令人喜出望外的良好效果。

举个最简单的例子，我们就会知道换位思考多么重要。比如，很多人都喜欢钓鱼，但每个人在生活中的口味都是不同的，有人喜欢吃烤肉，有人喜欢吃蔬菜和水果，还有人只喜欢吃薯条。那么当这些口味不同、众口难调的人一起去钓鱼时，他们为鱼儿准备的食物如何呢？很简单，他们都准备了蚯蚓或者蚂蟥之类的东西，因为这是鱼儿最好的食物。他们之中没有人想当然地认为鱼儿也会喜欢烤肉、蔬菜、水果、薯条等，也知道这些食物无法引诱鱼儿上钩。其实，人与人交流也是同样的道理，在与不同的人说话时，我们都应该投其所好，尤其要以对方感兴趣的话题作为打开话匣子的钥匙，这才是最好的选择。否则，假如我们只顾着自说自话，说些自己喜欢和感兴趣的话题，对方终究会觉得索然无味，导致交流陷入僵局和尴尬冷场之中。

在现实生活中，人与人之间产生不同意见和分歧的机会很多，要想说服他人，我们就更要学会换位思考，从而站在对方的角度阐述和分析问题，打动对方的心，也使得彼此之间的交流更加默契，说服的效果事半功倍。可以说，换位思考是人际交流的灵丹妙药，只要掌握了这个诀窍，我们与他人的交流就会顺利得多。

对于十几年未曾见面的同学叫错了自己的名字这件事情，马波原本气愤异常。要知道，他现在可是在北京的某个大公司里担任高管啊，很多下属对他都毕恭毕敬，称呼他为“马总”，难以想象居然有人会把他的名字叫错。他原本准备怒气冲冲地质问同学，全然没有想到此刻还尴尬地挂在自己脸上的笑容。然而，就在一瞬间，他想到假如自己此刻遇到初中同学，只怕也会犹豫很长时间都不敢叫出对方的名字，因为从他的嘴巴里说出来的名字绝大多数都可能是错的。而眼前的这位同学，脸上泛着激动的神采，一定没有想到居然会在这个陌生的城市碰到初中同学，所以几乎迫不及待地喊出了他的名字。想到这里，他改变思路，幽默风趣地说："亲，恭喜你答对了一半。我是姓马，但是不叫马凯，而是马波。"

同学马上表示真诚的歉意，连身说："对不起，真对不起，咱们真的很久未见了，我一激动就犯了不可饶恕的错误。这样吧，今天中午我做东，请你吃饭，好不好？咱们好好聚一聚。"听到同学真诚的道歉，马波心中马上释然，毕竟这一切都是突如其来的，他也有点儿恍若在梦中的不真实感。中午，他们在酒桌上都喝多了，感慨光阴似箭，岁月如梭。

一个人被他人叫错名字，难免会觉得有些恼火，不过凡事都要区别对待，假如是一个朝夕相处的人总是喊错自己的名字，自然是不可原谅的；但是事例中的马波面对的可是十几年未见的老同学，在激动之余叫错名字实属正常。为此，马波没有自找不愉快，而是幽默地提醒老同学的错误。后来，老同学主动提出请他吃饭，这样他们从此在这个陌生的大城市里又有了一个可以喝酒聊天的人。久别重逢的意外惊喜，让他们忘记了一切不快，把酒言欢。

人非圣贤，每个人都会犯错误。在遭遇他人的错误或者过失时，我们完全没有必要揪着别人的错误不放手。试问，难道你就能保证自己永不犯错吗？既然不能，与其与别人针锋相对，不如宽容和谅解别人，也给予自己更多的快乐。女孩们，假如你们曾经是个小心眼的人，那么从现在开始就努力改变自己吧！尤其在面对他人的错误时，你们一定要记住，唯有自己做到宽容豁达，才能让人际关系和谐融洽。和谐社会，从我做起，女孩们，你们准备好了吗？

倾听，是人与人之间最美好的交流

在人际交往之中，很多人都误以为表达自己、积极交流是最重要的。殊

不知，相比起口若悬河、滔滔不绝，倾听更加重要。甚至有社交达人说过，倾听，是人与人之间最美好的交流。除了与亲人是与生俱来的亲密关系之外，我们与其他人的相识都是从陌生开始的。因而在面对陌生人时，要想更好地了解对方，体察对方，聪明的人一定深谙倾听的重要性，也能够做到认真倾听，用心理解。

在社交过程中，所有沟通高手都很善于倾听。因此，女孩们，假如你们也想处处受人欢迎，成为人际交往的女王，就从现在开始学会倾听吧！你用心倾听，对方就会更加用心地表达，语言是信息含量丰富的载体，有心人一定受益匪浅，收获颇丰。与此同时，在我们倾听的时候，对方也会感受到我们发自内心的尊重，因而更愿意与我们继续交流。由此一来，交流就会进入良性循环和互动之中，促进我们与他人的愉快沟通。

作为一个青春期女孩的妈妈，乔丽感到非常烦恼。原来，最近她的女儿非常叛逆，对于她所说的任何话，女儿唯一的反应就是排斥和抗拒。但是作为妈妈，乔丽又迫不及待地想要给予女儿更多的指导，为此更加喋喋不休，导致母女关系急剧恶化。

眼看着女儿已经整整一个星期没与自己说话了，乔丽实在按捺不住，只好来到心理诊室求助。听完乔丽对于女儿叛逆的各种陈述，心理咨询师问："你了解女儿的真实内心吗？"乔丽想了想，摇摇头。心理咨询师又说："既然你根本都不了解自己的女儿，又如何能够把话说到她的心里去呢？从你刚才的表述来看，在你与女儿的交流中，一直是你在占据主导地位，不管你的女儿是否愿意听，你始终坚持喋喋不休地说，对不对？"乔丽羞愧地点点头，心理咨询师又说："我认为你唯一的问题就在于不懂得倾听。假如你能够静下心来认真地听你女儿诉说，也许一切问题都将迎刃而解。"

即便是在关系非常亲近的母女之间，母亲要想把话说到女儿心里去，也是需要认真倾听的。尽管女儿是母体上剥离下来的血肉之躯，但是随着女儿渐渐长大，她的心理也在发生改变。在这种情况下，倘若母亲还是一厢情愿地认为自己是全世界最了解女儿的人，也是女儿唯一的信任和依靠，总是自以为了解女儿，也自以为有权利对女儿指手画脚，那么女儿一定会觉得被母亲绑架。作为一个渐渐成长的独立生命体，女儿一定有着自己的思想和观念，而且从内心深处来讲，她们也是愿意与母亲分享自己的所思所想的。现实生活中，之所以大多数女孩都不愿意和父母交流，唯一的原因就是父母无视她们的思想，最终导致她们关闭了心门。

即便亲如母女，倾听也是至关重要的，更何况是在其他的人际关系中呢？假如你自知不是他人肚子里的蛔虫，也愿意更加了解他人，那么就一定要学会倾听。聪明的女孩们，倾听是帮助你们打开他人心扉的钥匙，如今，你掌握这把钥匙了吗？和谐沟通从倾听开始，当你学会倾听，你的人际关系也会极大改善。女孩们，就让自己成为一个“搜集信息的富翁”吧，相信你们在倾听的过程中一定会收获意外的惊喜！

真诚的笑，让人与人之间冰雪消融

生活中，有些人面带笑容，有些人愁眉苦脸，有些人阳光明媚，有些人阴云密布。你想面对哪样的人？相信你一定会不假思索地选择面对面带笑容、阳光明媚的人。毕竟，人生苦短，谁也不愿意浪费时间与忧愁苦闷打交道，而是想要尽情享受欢乐幸福的人生。也许有些女孩会说，我是哭是笑是我的权利，和任何人都无关。前半句话无疑是正确的，无可指摘，而后半句话却未必正确。试问：难道你能整日闭门不出，独自相处吗？一旦你走出家门，就必然要面对很多人，很多人也会被动地面对你。诸如你的同事和朋友们，当他们看

着你苦大仇深的脸，还能有好心情可言吗？从另一个角度来说，当你与他人产生矛盾和纠纷时，假如你依然苦着脸，别人一定会误以为你不想和解。这样一来，误解也会越来越深。其实，表情是比语言更早一步的表达方式，很多时候人们还没有来得及进行语言交流，表情就已经出卖了他们的所思所想。从这个角度来说，我们一定要保持愉悦的面部表情，从而避免给他人造成误解。

微笑，对于每个人而言都是最美丽的表情，而且能够在尴尬的场合缓解气氛，让一切变得和谐融洽。对于有过节的人们而言，露出真诚的微笑，哪怕一言不发，也能让彼此之间的冰雪消融，使得友善重新回归。当你真正面带微笑对待他人时，你就会发现，一个小小的微笑，拥有独特的巨大魅力。

作为一家公司的研发主管，吴娟最近正在为公司物色一位优秀的研发人才。在一个大型招聘会上，她得到了一位海归博士投递的简历，对其印象良好。因而招聘会刚刚结束，她就打电话邀请这位博士参加公司的面试。

此时，优秀的博士已经得到了好几家公司的邀请，而且面试了几次。在参加吴娟主持的一对一面试之后，博士显然对吴娟所在公司的规模和薪酬不够满意，因而即便吴娟始终面带微笑向博士介绍公司的发展潜力和愿景，并且表示公司也会考虑博士的期望薪酬，但是博士始终皱着眉头，并没有表现出满意的样子。在吴娟对博士表示欢迎之后，博士告辞了。随后的几天时间里，博士毫无消息，吴娟对此事渐渐失去希望，不想博士突然在新的周一打来电话，说很愿意和公司共同发展。吴娟喜出望外，很快，博士正式成为吴娟的同事，吴娟呢，也问博士："其实，当时对于你这么优秀的人才，我们也面临着好几个用人单位的竞争，我想知道到底是什么促使你下定决心与我们并肩作战的呢？"博士笑着说："其实，我们公司的条件的确不如另外几家公司，但是那几家公司的高管全都面若冰霜，唯独你面对我的不满意依然面带笑容，耐心解释。我想，我们的公司也一定是这样充满笑容，积极阳光的。"

原来，吴娟之所以能够代表公司争取到博士的青睐，就是因为她的笑容。

由此可见，任何时候，我们都应该面带微笑，如此才能温暖和融化他人的心。尤其是在与初次见面的陌生人交往时，由于彼此之间缺乏了解，因而人们更倾向于根据初步印象形成对他人的判断。微笑，恰恰能够先于语言给他人留下友善温和的印象，也从而得到他人的认可和欣赏。

归根结底，人际关系中既有和谐融洽的一面，也有摩擦和矛盾的发生。作为高情商的女孩，不管什么时候都应该以微笑作为自己最美丽的妆容，面对自己，给自己带来阳光的心情；也面对他人，传递给他人友善和谐的讯息。女孩们，赶快微笑起来吧！

第16章

不是君子，也要彬彬有礼
——优雅的女孩瞬间绽放

每个人的素质和涵养都是不同的，虽然这两方面看起来是隐藏的，但是实际上，这两方面会在我们生活中的言行举止和很多细节上都有所体现。因而作为女孩，我们即便不是谦谦君子，也应该努力提高自己的素质和涵养，这样才能让自己优雅地绽放，成为绚烂美丽的风景。很多女孩都追求容颜的靓丽，殊不知容颜易逝，只有由内而外焕发的美丽，才会更长久，更打动人心。

口吐莲花，赞美让他人心花怒放

生活中，很多女孩说出的每一句话，都能赢得他人的认可和欣赏，并且得到他人善意的回报。相反，有些女人不管说什么，总是被否定和排斥，因此郁郁寡欢。这到底是为什么呢？其实，前者与后者最大的区别就在于，前者是高情商的女孩，懂得赞美；后者是低情商的女孩，从不知道运用赞美打动人心。

从人的本性角度而言，每个人都渴望得到他人的认可和赞美，而不希望自己遭到否定和批评，甚至是指责。一句赞美，往往能够让他们原本郁郁寡欢的心情变得轻松快乐；一句指责，也会让他们原本高亢的兴致突然低落，导致根本提不起任何兴致再继续交流下去。由此可见，高情商的女孩一定深谙赞美的魔力，因为她们总是口吐莲花，赢得他人的由衷赞赏。当然，赞美也是有注意事项的，下面就让我们一起来看看赞美的时候需要注意些什么。

首先，赞美一定要真诚，是发自内心的。现代社会，很多急功近利的人总是为了达到某些目的，有图谋地赞美他人，往往言不由衷，口不对心。殊不知，人的感觉是非常敏锐的，这种虚伪的赞美非但无法起到预期效果，还往往导致事与愿违。其次，赞美时要另辟蹊径。很多人在赞美他人时虽然是真心的，但是不够用心，因而带着搪塞的意味。举例而言，很多人在赞美他人时，总是赞美他人显而易见的优点，诸如赞美一个年轻的成功企业家年轻有为，其实企业家早已听厌了这样的赞美，根本不会对其有任何感觉。这种情况下，倘

若能够找到年轻企业家不为人们注意的地方进行真诚的赞美，那么一定能够成功打动人心。再次，赞美要具体。很多父母在赞美孩子的时候，除了“你真棒”“你太优秀了”等诸如此类的话，再也想不出合适的溢美之词，久而久之，孩子的耳朵都听出老茧了，赞美也无法达到预期的效果。假如父母能够用心地发现孩子具体哪里表现优秀，诸如夸赞孩子：“你真勤快，我像你这么大的时候还不会做饭呢，你居然都学会煎鸡蛋了！”这样的话，虽然听起来很琐碎，却能切实地鼓励孩子继续努力，再接再厉。最后，赞美还要恰到好处，既不能拖沓冗长，也不能过于言简意赅，既不能太早，也不能太晚，既不能敷衍，也不能唠唠叨叨。唯有恰到好处的赞美，才能给人最好的感受，起到最佳的效果。

著名的成功学家卡耐基小时候并不优秀，甚至是人们公认的“捣蛋鬼”。九岁的时候，卡耐基的父亲再婚，并且把继母介绍给卡耐基认识。在向继母介绍卡耐基时，父亲的语气明显非常无奈。父亲告诉继母：“你以后一定要小心防范他，督促他不要那么卑劣顽皮。”这时，卡耐基很沮丧，因为一切都注定了继母不会喜欢他。

然而，出乎卡耐基的预料，继母并没与把父亲的话放在心里，而且丝毫不觉得卡耐基是一个无药可救的小男孩。只见她面带微笑走到卡耐基面前，认真地看着卡耐基的眼睛，又对父亲说：“你说的完全不对，他并非全镇最调皮捣蛋的男孩，而是全镇最聪明的男孩，他有着无穷的创造力和旺盛的精力，所以才会显得如此与众不同。他太热情了，他需要发泄。”继母的话让卡耐基热泪盈眶，在此之前，卡耐基从未听到过任何人这样赞美他。卡耐基不但接受了继母的赞美，而且发生了翻天覆地的变化，可以说，是继母改变了他的人生。

对于一个九岁男孩的继母来说，可想而知，她的心里也是很忐忑的，并且她肯定早已听闻卡耐基的大名。幸好，她找到了与卡耐基相处的最佳方式，并且“先发制人”，在与卡耐基第一次见面时就征服了卡耐基，赢得了卡耐基的心。这不但对于他们之间的关系极有好处，而且对于卡耐基的人生也有非同寻常的意义和深远的影响。

懂得赞美他人的女孩，总是能够第一时间就赢得他人的好感，也博得他人的认可。可以说，赞美他人是人际交往的秘笈，任何情况下都效果显著。从卡耐基身上我们也可以看出，赞美不但能够俘获人心，也能够激发出他人的潜能，满足他人的内心需求。既然赞美如此神奇，女孩们，你们也一定要学会赞美这一社交秘笈哦！

兴趣，永远是展开交谈的最好话题

现代社会，每个人都不可能做到与世隔绝，每个人都需要与他人交往，展开交流。随着生活圈子的不断扩大，我们不仅要和熟悉的人交往，往往还要与陌生人展开交流。也许有些女孩会说，我不知道如何与人相处，我甚至不知道如何与熟悉的人交往，怎么可能与陌生人打交道呢！然而，也许作为小女孩的你还可以活在自己的世界里，但是随着渐渐成长，你必然走出自己的小圈子，融入社会的大圈子。你必须面对陌生人，并且以恰到好处的方式与他们展开初次交谈，这样你们才算认识了，你也才能渐渐积累自己的人脉关系。

其实，和陌生人交谈是有技巧的。职场上，很多从事服务行业或者是销售行业的人，几乎每天都要和陌生人打交道。他们是如何做到的呢？我们必须弄明白一个道理，即每个人对于自己不感兴趣的话题常常保持缄默，哪怕勉强回应也会三言两语就草草结束，但是对于自己感兴趣的话题，他们马上就会两眼发光，甚至滔滔不绝。因而，我们要想与陌生人顺利展开交谈，首先要确定他们的兴趣所在。诸如在公园里和带孩子的妈妈聊天，可以以孩子展开话题，每

个妈妈都对于与孩子相关的话题乐此不疲，这一点绝无改变。

当然，知道熟悉的人对什么感兴趣是很容易的，当面对陌生人的时候，尤其是初次见面的陌生人，我们往往很难一下子找到对方的兴趣所在。这时，就要发挥我们察言观色的能力，从侧面了解他们的兴趣。诸如，假如我们去客户的办公室拜访客户，就可以从他们办公室的摆放来间接了解他们。此外，我们还可以在与客户交流的过程中，不断地加深对客户的了解，顺势而为，做到最大限度挖掘客户内心，从而了解客户的兴趣所在。总而言之，要想让别人喜欢你，要想让别人对你的话题感兴趣，最好的办法就是谈论他人想谈论的。

作为一名汽车推销员，波特的销售业绩在全公司都名列前茅。作为一个年轻的帅小伙，按理说也没有太多的生活经验，他到底是如何做到与客户侃侃而谈，并且最终说服客户成交的呢？其实，波特的成功并不在于他的专业知识，而在于他能够抓住客户心理，说出客户想要听到的话题。

诸如，波特最近成交的一个客户是公司里所有销售员都不愿意服务的客户。原来，这个客户是个独居的妇人，每隔一段时间就会来看车，而且只看不买，从来没有购买意向。很多销售员都觉得这个老妇人只是来排遣寂寞时光的，只有波特，每次都用心聆听老妇人倾诉。这天，老妇人又像往常一样来看车，波特赶紧把新出来一款车型推荐给她。老妇人并没有用心去听波特讲述的这辆车的性能等方面的情况，而是心不在焉，很久才说："这车有白色的吗？我姐姐的车就是白色的。"波特觉察到这个情况，马上说："当然，这款车的白色特别受欢迎。看来，您和您的姐姐都是有欣赏品位的人。而且，我留意到您也很喜欢穿素色的衣服，这样显得很漂亮，衬托得您皮肤白皙，最重要的，白色的确是今年的流行色。"老妇人兴致勃勃地说："我还喜欢白色的百合呢！这么多年来，每到我生日的时候，我丈夫都会送给我一束白百合。可惜，他几年前去世了。"老妇人的这句话让波特心中一动。他悄悄喊来助手，很快，助手匆忙离开，没多久就抱着一束白百合回来了。波特把白百合送给老妇人，真诚地说：“祝您生日快乐！”老妇人瞬间感动落泪，说：“这是我几年来第一次在生日的时候收到我最喜欢的花，谢谢你，年轻人！”

这个下午，老妇人订购了自己喜欢的白色新款车，波特成功地赢得了她的心。

面对这个难缠的客户，其他同事全都放弃了，波特却以自己的耐心和友爱，始终为老妇人服务。他并没有一味地表现自己的专业知识和能力，而是根据老妇人感兴趣的话题生发开去，最终得知老妇人此前每年生日都能收到心爱的白百合，因而圆了老妇人的心愿。不得不说，波特是一个成功的销售员，他推销出去的不是汽车，而是自己，因为他能够抓住客户最感兴趣的话题。

女孩们，你们在与他人交流时，是否会觉得有些尴尬和冷场呢！其实，只要你们把握住他人的兴趣所在，也能够主动从他人的兴趣出发，聊些他人感兴趣的话题，那么你们彼此之间的交流马上会变得和谐融洽，你们的交往也会更加顺利。这种沟通技巧，表面上看来是要求我们谈论对方感兴趣的事，实际上是要求我们改变以自我为中心的心态，更好地与他人交流和相处。记住，我们不是宇宙的中心，要想赢得他人的认可和喜爱，我们就要学会以他人为中心。这，正是人际相处的秘诀。

没人喜欢被命令，说服要以理服人以情动人

世界上的每个人都是完全独立的个体，这也就注定了人们在相处过程中思想上会发生各种各样的摩擦和碰撞。这时，若彼此能够交流融合当然好，倘若我们一心一意地想要说服他人接受自己的观点和意见，就要多花些心思了。毕竟，没有任何人愿意放弃自己的观点，接受他人的观点，也没有任何人愿意

被他人命令，接受他人的指令。这就要求我们在说服他人时，必须做到以理服人，以情动人，才能真正说服他人，使他人心甘情愿地接受我们的意见和观点，也使得人际关系更加和谐融洽。

说服，是一门艺术，也是一门人际交往的技术，必须处理好说服工作，人际关系才能顺畅。尤其是女孩，在说服他人时，应该更注重说服的过程，而不要仅仅局限于说服的结果。假如强势要求别人，则最终的结果一定是口服心不服，或者口也不服，心也不服。要把“说服”与“压服”区别开来，说服是心悦诚服，压服则是向对方施加压力，导致对方不得不服。所谓强扭的瓜不甜，强制的压服非但无法起到预期的效果，还有可能因为过激的方式方法导致事与愿违。

楠楠大学毕业后，与同学石羊确立了恋爱关系，并且把石羊带回家里给父母把关。看到石羊之后，妈妈就像是在查户口一样，不但询问石羊家里有几口人，父母都是做什么的，以什么维生，还毫不掩饰地问石羊未来是否有足够的经济实力在大城市里买房、安家落户。对此，石羊尽管有些难堪，但是出于礼貌，他还是老老实实地进行了回答。这时，坐在一旁的楠楠实在看不过去，因而制止了妈妈。

石羊走后，妈妈直截了当地对楠楠和石羊之间的感情表示了坚决反对，原因就是石羊家是农村的，也没有经济实力买房安家，未来他们的生活一定会很辛苦。说到这里，妈妈还劝说楠楠：“丫头，你也知道妈妈的好朋友李阿姨一直很喜欢你。她的儿子今年就要从美国学成归来了，你李阿姨早早地就买了一套大三居，准备给儿子将来找女朋友呢！要是你能和李阿姨的儿子在一起，妈妈真的才省心呢！”对于妈妈的无限畅想，楠楠不以为然。为了争取到恋爱和婚姻的自由，性格倔强的楠楠彻底和妈妈闹翻了。

离家独自在外居住一段时间之后，爸爸来找楠楠：“宝贝闺女，你妈妈想你了，在家里掉眼泪呢！”楠楠忿忿地说：“我才不信呢，她一定恨透我了。”爸爸说：“傻闺女，你看看这个世界上哪个当妈的会真的与自己的女儿记仇呢！其实，你妈妈也是为了你好。当然，我知道我闺女是很有主见的，也不会因为屈服于金钱就作出妥协，更是忠于爱情的。所以你放心，爸爸一定会坚定不移地站在你这边。不过咱们要慢慢做妈妈的工作，这样妈妈才能想得通。”在爸爸的劝说下，楠楠不再和妈妈对着干，而是买了很多水果回家看望妈妈。最终，在爸爸和楠楠的晓之以理、动之以情之下，妈妈才接受了石羊，同意了他和楠楠的婚事。

在这个事例中，因为尖锐的矛盾冲突，最终楠楠在爸爸晓之以理、动之以情的劝说下，不再和妈妈对着干，而是给予妈妈更多的耐心，也向妈妈倾诉了自己对于爱情的渴望和理想。可以说，先是爸爸说服楠楠，再是楠楠说服妈妈，一环扣一环，最终才获得了皆大欢喜的结局。

人们常说，法不外乎情，这句话的意思是说，即便是严肃的法律，也要遵从人们的情理。法律都如此，更何况是矛盾倍出的家务事呢！聪明的女孩一定不会固执己见地讲道理，而是会更加合情入理地表达自己的观点和看法，从而真正说服他人，使他人心服口服，心悦诚服。

一时的口舌之快，只会导致事与愿违

温柔的话就像是煦暖的春风，让人的心里突然间春风遍野，鲜花盛开，也充满了快乐和幸福。相比之下，犀利的话像是利剑，直直地扎进人们的心里，使人心中受到深刻的伤害，口中却有苦难言。一个善良的女孩，绝不会恶语中伤他人，而是会保留语言的美好与纯真，不把语言变成毫不留情的伤人利器。正如人们常说的，说出去的话，泼出去的水，不管什么话一旦说出口，就不可

能收回了。倘若为了逞一时的口舌之快，就口不择言，最终会导致事与愿违。

尤其是女孩，要想在现代社会更好地生存与发展，就应该多多结交朋友，而不要给自己树立敌人。因为一句话就失去一条路，而使自己的人生发展面临一堵墙，岂不是得不偿失吗？相信聪明的女孩绝不会这么做，高情商的女孩也一定会唾弃这样的行为。真正的强者，决不在语言上逞能，相反他们对待人生的一切变化都非常淡定从容，也能够做到心平气和。女孩们，作为优雅的化身，无论因为什么，我们千万都要控制好自己的情绪和情感，不要成为肆无忌惮的泼妇。想想看，淑女与泼妇，你更愿意成为前者还是后者？明智的你一定会作出正确的选择。

最近，一个论坛里正在讨论关于妈妈的话题，这件事情的起因是一位成年的女性抱怨妈妈对她花自己的钱买回自己家的蔬菜妄加指责，还想主宰她的生活。由此，她们母女之间爆发了激烈的争吵，也导致母女三十多年来积压的问题得以爆发。这位女性说："我和妈妈的性格都很倔强，直来直去，因而我们互不相让。"

在针对这个话题的诸多讨论中，有一位叫西西的女性说道："很多妈妈所谓的爱，就是以最恶毒的语言伤害自己的家人和孩子。"由此生发开去，她讲述了她的妈妈在她成长的过程中，不止一次以肆无忌惮的恶言恶语刺伤她的心灵。直到今日，她始终记得妈妈苛刻的言辞，也从未真正发自内心地原谅过妈妈。据她说，如今的她已经成功地实现了从母体的剥离，对于母亲只有理智的孝顺，不再有发自内心的深爱。

看到这样的讨论，未免让那些对妈妈无比依赖、与妈妈关系亲昵的孩子感到惊讶。因为他们即便已经长大成人，也无法想象孩子居然会如此恨辛苦生养和抚育自己的母亲。由此我们不难得出一个结论，语言的伤害，其威力和持久性远远超出我们的想象。直到若干年后孩子也已经成为妈妈，她们或许已经忘记了自己的妈妈当年对自己的暴揍，却始终记得妈妈那些如同刺一般深深扎在她们心灵深处的话。所以，女孩们，永远也不要成为一个没有口德的人，语言上的肮脏和恶劣，恰恰折射出一个人的心灵，也会给他人留下难以磨灭的伤害。即便时光流转，这种伤害也依然很难淡忘。

曾经，有心理学家专门针对人们打电话时的语气进行了研究。最终的结果显示，假如打电话的人语气温和，那么接听电话的人也会给予温和的回应；反之，假如打电话的人语气激烈，态度恶劣，那么接听电话的人马上就会发生相应的变化，以子之矛攻子之盾。这就是人与人之间的你来我往。所以，一个真正高情商的女孩，为了得到他人的礼貌回应、友好相待，她们自己首先会做到。正所谓己所不欲，勿施于人，在人际交往中可谓是金科玉律。

女孩们，一个真正能够主宰命运和人生的人，一定是能够控制自身情绪和情感的人。所以，假如你们也想成功掌控自己的人生，就要学会管理自己，唯有如此，你们才能我口说我心，也能如愿以偿地与他人搞好关系，处处受到他人的欢迎。

委婉地批评，让他们更加乐意接受

人人都想得到他人的认可和赞美，很少有人能够心甘情愿地接受他人的批评。在批评方式恰当的情况下，也许批评还是可以被接受的。但是当批评的方式不恰当，或者伤害了当事者的面子，或者导致当事者心中愤愤不平时，批评就会起到完全相反的效果。不但不能使当事者积极主动地改变和完善自己，反而会使当事者变本加厉，破罐子破摔。为了避免出现这种最恶劣的后果，我们在批评他人时，一定要讲究方式方法，才能如愿以偿，让他人乐于接受我们的批评，也能够从我们的建议和劝说中获得正面信息。

高情商的女孩在面对他人的错误时，绝不会直截了当、毫不掩饰地开始批评。因为她们很清楚，批评的效果取决于批评的方式和方法，而且，我们没有必要因为一次错误就失去一个朋友。我们应采取恰到好处地方式为对方指出缺点，如此，对方才会依然与我们维持友好的关系。这，才是成功的批评。倘若把批评做到极致，则对方不但能够虚心接受我们的批评，及时改进自己的言行，还会对我们心怀感激，觉得我们的良苦用心能促使他们不断进步。那么，如何才能让批评进入这么高的境界呢？下面，就让我们来看一看总统先生柯立芝是如何对待他的女秘书的吧！

作为美国的第三十届总统，柯立芝刚刚走马上任时，特意聘请了一位女秘书协助自己处理日常事务。这个女秘书非常年轻，也很漂亮，但是她的能力似乎与她的外表不相匹配，刚刚工作的她总是出错，不是记错了时间，就是打错了字，导致柯立芝非但没有因为女秘书的到来省心，反而添了很多麻烦。思来想去，柯立芝决定以特殊的办法提点女秘书，让她加快成长和进步的速度。

一天早晨，女秘书刚刚走进办公室，柯立芝就赶紧赞美："Maria，你今天的衣服搭配得非常成功，整个办公室都因为你变得靓丽了。这身衣服不但衬得你的皮肤更白皙，而且很符合你高雅的气质。希望你继续保持如此高品位的穿衣风格，这样可以使每一个来到我办公室的人都赏心悦目。当然，我也深信你能够把工作做得和你的人一样漂亮、夺目！"

听到总统的夸赞，女秘书高兴极了。当然，女秘书也是非常聪明的，从此之后，她处理文件的时候非常用心，再也没有犯过打错字等低级错误。看到总统每天都轻松地处理工作，一个了解内幕的参议员纳闷地问总统："总统先生，你的办法真的太高明了，我想知道你是如何想出这种好办法的。"柯立芝笑着说："其实道理很简单啊！你每天都给自己刮胡须，一定知道刮胡须之前要先涂抹肥皂水，这样才能起到润滑的作用，刮胡须的时候才不会痛。这完全是一样的道理啊！"

柯立芝总统没有直接批评刚刚上岗的女秘书，而是采取赞美的方式，委婉地指出女秘书的工作和她漂亮的本人相比还存在一定的差距，因而女秘书在得到赞美之后，一定会争取让自己的工作和本人一样漂亮，这样才配得上总统的大力赞美。这就是赞美的魔力，和义正辞严的批评相比，赞美更能够帮助人们心甘情愿地改变自我，提升自我，完善自我。

女孩们，假如你们也对某些人的言行举止不满意，与其冒着激起对方逆反心理的危险批评对方，不如换个思路，改变方式，以赞美的方式让对方主动弥补自身不足，变得越来越接近于你的溢美之词。如此一来，对方不仅会对你感激不尽，而且会主动改变，可谓一举两得。最重要的是，你再也无须担心批评会破坏原本和谐的人际关系，因为这样委婉的批评就是赞美，只会让你与他人之间的关系越来越密切，越来越亲近。

拒绝也要讲究分寸，刻意抬高顾全他人颜面

生活中，每个人都会面临自己很难解决的难题，因而需要向他人求助。我们当然求助过他人，也曾经被他人求助过。和求助于他人的为难和尴尬想比，实际上拒绝他人求助是更为难的。毕竟，我们也是能力有限的，不可能对所有人的求助都有求必应，而且我们也有属于自己的生活，也要对身边的亲人负责。所以，我们只能根据自身情况，有选择地帮助某些人，面对更多的人求助，当我们无能为力时，当我们心有余而力不足时，当我们因为自身的原因导致无法相助时，我们就要面对拒绝的难题。

之所以说拒绝是难题，实在是因为我们常常不知道如何拒绝。拒绝的时候，我们不但要调整好自己的态度，也要帮助对方顺利接受。毕竟，被人拒绝

不是一件让人愉快的事情，倘若拒绝方式不恰当，被拒绝者还会因此损伤自尊心，更有可能从此对拒绝者心怀怨恨，甚至老死不相往来。因为一次拒绝失去一个朋友，这无疑让人遗憾。为了避免这种遗憾的发生，在拒绝的时候，我们还要掌握很多技巧。例如，无论你的理由多么充分，都不要生硬地拒绝他人；在拒绝他人时，为了避免他人产生心理落差，可以先抬高他人，给其颜面，这样再被拒绝也就不显得那么无情了；当然，我们还可以以贬低自己的方式，在他人说明求助的明确意思之前，先委婉拒绝他人，告诉他人我们的确是心有余而力不足，这样拒绝也不显得那么突兀；有的时候，拒绝需要斩钉截铁，不给对方任何希望，但是更多的时候，我们拒绝的时候应该留有余地，这样对方才不会觉得彻底丢了面子，例如“拖”字诀……总而言之，根据不同的情况，我们可以想出不那么绝情的方式来拒绝他人，也可以寻找到很多听起来合情合理的理由来表达自己的无能为力。

作为大学同学，对于乔乔借钱的请求，静静真的不好直接拒绝。毕竟，乔乔在老家工作，每个月的薪水只有两三千元；静静呢，一直在大城市里的大企业当白领，每个月薪水过万。但她们又是闺蜜，真的没办法为了钱的事情无所顾忌地拒绝。

思来想去，静静想出了一个好办法。她对乔乔说：“其实，我的确是有一些积蓄的，不过不多。你也知道，我每个月基本的生活费和房租，就要去掉五六千块钱。大城市虽然挣得多，花得也很多。但是，我把钱买了基金了，刚刚买的，为期半年。要是你能等的话，等一到期，我就转账给你。”听到静静的话，急着买房结婚的乔乔只得说：“等不了啊，我再想想别的办法吧。这边婚期催得紧，我们又不愿意凑合，就想在结婚之前买房。这样吧，要是我到时候还需要钱，我就再告诉你。”其实，乔乔当然知道静静的意思，毕竟大家都年纪相仿，说不定静静什么时候就也要结婚，听说静静所在的上海房子可比老家贵多了，一平米足足能买老家好几平米呢！想到这里，乔乔又不由得为静静担忧起来：我现在买房还能七拼八凑，凑够首付，到时候静静要是想在上海安家，首付就得几百万，这可怎么凑呢！

越是关系亲近的人之间，拒绝就越是显得难为情。哪怕是真的帮不了，拒绝也总使人愧疚。在这种情况下，最好的办法就是避免一口回绝，而是给予对方小小的希望，最终把主动权交到对方手里，这样彼此心中都会更加坦然。就像事例中的静静，并没有说不帮助乔乔，只不过她把皮球踢给乔乔——她的钱要到半年之后才能取出来用，这样一来，急着结婚的乔乔当即作出选择——我等不了。如此一来，她们谁也不会抱怨谁，彼此的闺蜜感情也不会受到影响，可谓是个完美的好办法。

女孩们，你们也一定有很多好朋友，还有自己的知心闺蜜。不管是对于关系亲密的人，还是对于普通关系的朋友同事等，在拒绝他人的时候，你们一定要记得采取恰到好处的方法，千万不要因为生硬的拒绝导致人际关系受到损害。当然，在某些特殊情况下，为了避免引起误解，也是可以直截了当拒绝的。总而言之，采取怎样的方式拒绝他人，需要你们发挥自己的高情商，根据实际的情况顺势而为哦！

参考文献

[1]凹凸.高情商的女人好命一辈子[M].北京：中国纺织出版社，2009.

[2]李向峰.幸福女人的情商修炼[M].北京：中国纺织出版社，2007.

[3]吴静雅.写给女儿的哈佛情商课[M].成都：成都时代出版社，2014.

[4]张然.情商:改变孩子一生的能量书[M].北京：中国商业出版社，2013.